U0810257

FIND YOUR

Extraordinary

Dream Bigger, Live Happier, and
Achieve Success on Your Own Terms

成为非凡的你

[美] 杰西卡·迪卢洛·赫林 著　赵燕飞 译
（Jessica DiLullo Herrin）

中信出版集团 | 北京

图书在版编目（CIP）数据

成为非凡的你 /（美）杰西卡·迪卢洛·赫林著；赵燕飞译 . -- 北京：中信出版社，2019.7

书名原文：Find Your Extraordinary: Dream Bigger, Live Happier, and Achieve Success on Your Own Terms

ISBN 978-7-5217-0362-7

Ⅰ . ①成…　Ⅱ . ①杰… ②赵…　Ⅲ . ①成功心理—通俗读物　Ⅳ . ① B848.4-49

中国版本图书馆 CIP 数据核字（2019）第 063452 号

成为非凡的你

著　　者：［美］杰西卡·迪卢洛·赫林
译　　者：赵燕飞
出版发行：中信出版集团股份有限公司
　　　　（北京市朝阳区惠新东街甲 4 号富盛大厦 2 座　邮编　100029）
承 印 者：三河市中晟雅豪印务有限公司

开　　本：880mm × 1230mm　1/32　　印　　张：7.5　　字　　数：174 千字
版　　次：2019 年 7 月第 1 版　　印　　次：2019 年 7 月第 1 次印刷
京权图字：01–2017–1847　　广告经营许可证：京朝工商广字第 8087 号
书　　号：ISBN 978–7–5217–0362–7
定　　价：59.00 元

献给我的爸爸拉里，你的爱给了我自信，我的一切优秀品质都来源于你。

献给我的丈夫查德，你的爱填补了我心灵的空虚，你是我此生的归宿。

献给我的女儿夏洛特和塔特，你们让我体验到母爱的坚不可摧和无尽的幸福，你们是我的最爱。

献给所有的女性同胞，你们非凡的爱和支持，让我成为非凡的自己。

目 录
CONTENTS

第一部分

更快乐，更成功

第 1 章　和平庸说“再见”，开启非凡之旅

> 你要敢于冒险，要与众不同，要不切实际，要做一切与求稳派、凡夫俗子、平庸者相左的事，要捍卫你神圣的目标和愿景。
>
> ——塞西尔·比顿，英国著名摄影家

如果我告诉你，只需一点点努力，你就能获得非凡的人生，你相信吗？拥有这种非凡的人生，你可以做自己喜欢的事，并且有时间做你认为重要的事，成就你最大的梦想。与此同时，你可以抛开种种匮乏感、负罪感，就像丢弃过时的 19 世纪的紧身胸衣一样。

最近，很多人都在讨论女性能否拥有自己想要的一切。这本书探讨的不是“拥有一切”的问题，而是“拥有你最在乎的东西”的问题。它讲的是如何用你自己的方式，成就你最大的梦想与野心。我写这本书就是要帮你发现自己的非凡之处（专属于你的非凡），帮你拨通连接你内心的电话，让你聆听自我，倾听自己内心真实的声音，并且强化梦想成真的意愿。

你是不是觉得我太自以为是了，竟然如此坦白地告诉你如何才能成功？难道我有资格以成功专家自居？好吧，我的确认为自己很成功，但理由可能跟你们想的不一样。

我做过很多让自己引以为豪的事。我毕业于斯坦福大学，登上过《纽约时报》的封面，被称为“连续创业家”，是 Della & James（后更名为“婚礼频道网”，WeddingChannel.com）及 Stella & Dot 品牌家族两家成功企业的创始人。我有过一些非同寻常的经历：参加过家喻户晓的节目《奥普拉脱口秀》；去白金汉宫进见过英国女王；接受过《华尔街日报》的采访；在代表 Stella & Dot 基金去纳斯达克敲闭市钟时，我的形象出现在了纽约时代广场 8 层楼高的大屏幕上。（那次经历非常有趣！）

我的成功中有幸运的成分吗？当然有。我出生于美国，在这里，不论男女都能接受教育。我于 1994 年大学毕业，当时美国大学毕业生的男女人数刚刚持平。啊，差点儿忘了，我读的大学地处硅谷中央，那时美国经济刚刚复苏，互联网即将商业化。

大学毕业后，我找到了第一份工作。当时美国经济稳健有力，即使这份工作不适合我，我也可以再找一份安稳的工作。当时美国社会对工作的看法也在悄然转变。以前人们将自己在一家公司工作 25 年并在退休时得到一块金表看作终极成就；现在，大家心目中的企业英雄都是那些敢于打破常规并成功创新的人。

20 世纪 70 年代，女性不再只做一些辅助性的工作。人类文明只有 6 000 年的历史，而且到了 18 世纪人类社会才开始工业革命。20 世纪的美国见证了经济大萧条、两次世界大战、越南战争和朝鲜战争。美国女性披荆斩棘，终于开始走入职场。还记得“二战”时期的美国铆钉女工罗西吗？随着 20 世纪 60 年代女性运动的兴起，女性才大规模地进入职场，开始和“玻璃天花板”问题抗争。

我 1972 年出生于美国，并赶上了女性运动的“清风”，这真可谓是抽中了命运的大奖。

我的成功也不能全部归功于好运，事实上，我发现“越努力，越幸运”这句话是对的。我生来就有的个性特征让我更爱冒险，喜欢剑走偏锋。更重要的是，我后天形成的能力和特质——独立、自信、激情、进取、果断、坚毅，都是创业者的典型特征。相信我，你也能像我一样培养获得成功的思维习惯：独立思考；超越理性地相信自己；为钟爱的事业努力奋斗；敢于冒险，不怕输；和积极的人在一起，互相传递正能量。简而言之，这就是创业精神。本书将告诉你，如何发掘这种创业精神。

但我的目标远远不止告诉你如何创办一家成功的公司，我的目标是帮你创造出属于你的充实、快乐、成功的人生。这就是你的非凡人生。

曾经有一段时间，我在别人眼中是成功的，但我并不能真正感受到充实和快乐。我发现，努力追逐别人定义的成功只是美在面子上。我的心灵和灵魂却对它毫无感觉。

我认为今天的我是成功的，不是因为《奥普拉脱口秀》或《纽约时报》在报道中这么评价我，而是因为我明白，只有我自己有权定义自己的成功。我学会了超越理性，相信自己，接纳自己的缺点和错误。我勇于冒险，边走边学。我学会了在面对困难和挑战时坚持自己。我放下了作为一个职场妈妈的负罪感，我既是一个好妈妈，又是一个忙碌且有抱负的首席执行官。

我学会了在男人的世界中打拼，同时也没有改变我的女性本色。我学会了在正确的事情上努力奋斗，同时保持身心健康。今天，我的成功只由我定义。所以，你的成功也可以只由你自己定义。

成功的世俗定义是赚钱、晋升、受人尊敬；而成功的非凡定义则是做你钟爱的事，被你在乎的人尊敬；最重要的是，你认可自己。你知道你最想要什么，你更加自信，并且坚毅地奋斗，得到你想要的一切。

如果你按照自己的价值观来生活，追逐自己定义的快乐，那么你就是一个真实的人。真实做人，才会成功。成功不是为了追逐名利，成功不止一个型号。快乐并非来源于成功，快乐就是成功——如果你是快乐的，那么你就是成功的，而且是非凡的成功。

你的成功只由你自己定义。

激发你的创业精神

激发你的创业精神不代表你要亲自去创业。这本书不是讲如何在硅谷开公司，虽然在阅读的过程中你可以学到一些小窍门。事实上，我坚信创业并不会让大多数人快乐。创业适合爱冒险、有点儿怪异的“拼命三郎”，并不是人人都可创业。我的姐姐朱莉有一次揶揄我说：“别期望其他人会想做你想做的事，要知道那个不一般的人是你自己。”

当我谈及创业精神时，我描述的不仅是我，而是任何一个想要主宰自己人生的人。

我为何这么说呢？让我首先介绍一下我的经历。我创办了 Stella & Dot 品牌家族，包括 Stella & Dot、守护饰品（KEEP Collective）、永恒护肤（Ever Skincare）3 个子品牌，在 6 个国家设有分公司，支持 50 000 多名创业者按照他们自己的方式创业。

Stella & Dot 致力于改变传统职场工作时间的僵硬性，让女性能够在工作和家庭之间找到平衡。Stella & Dot 模式是让女性（和部分优秀男性）用极少的资金创业，他们既可兼职赚外快，也可以全职赚大钱。

Stella & Dot 使命的关键词是“选择”。每个创业者的起点相同，但他们可以选择各自不同的目标和节奏。创业并不要求他们保证固定的工作时间或销售配额。事实上，80% 的创业者都是有其他主业的兼职创业者。

从 Stella & Dot 的经营中，我有机会看到成千上万个截然不同的人用截然不同的方式应对相同的机会，最后产生出截然不同的结果。我的观察强化了我的观点：一个人的意志（而非内在能力或过去、现在的状况）决定了他的成败。

创立“奢华珠宝”（Luxe Jewels，Stella & Dot 的原名）时，我想竭尽全力帮助他人成功。所以，我和团队人员反复改进生产线、培训模式和销售工具，直到我们觉得再无改进的空间为止。我知道，完美是不可能达到的，但我想尽可能接近完美。几年下来，我感觉我们做到了，我们创造了一个强大的生意平台——10 年中，我们的创业者已售出价值超过 10 亿美元的产品，赚到超过 3 亿美元的佣金。

然而，我总在问自己：“我还可以做更多吗？”答案是“可以”，这也是我写这本书的动机，我想帮助更多人培养他们的毅力，走出自己的路；我想告诉他们如何挖掘内心，找到属于自己的非凡之路，懂得在“我想要”和“我拥有”之间加入“我准备”。

我将分享自己的很多创业心得，但这不只是一本关于 Stella & Dot 创业故事的书。

成功不仅属于别人。

成功也属于你。

我是硅谷为数不多的女性首席执行官之一，但这不是一本关于男女平等的书，这也不是一本记录我如何成功的回忆录。我并不打算通过谈论性别不平等来改变女性同胞的人生际遇，我从没想过我能做到男人能做到的一切，我总是认为我就是能做到一切。

这是一本关于你的书，这是一本关于你能做到一切的书——无论世界是否公平，男女是否平等。

想要成就非凡，你需要相信成功不是少数人的特权，成功不只属于别人，成功也属于你。

如果你具有创业精神、按照自己的方式做事、不惧失败、不惧他人的评判、尊重自己的选择，你就可以创造令自己满意的人生。

通往你的非凡之路

我们从哪里开始呢？从对付最苛刻的内在批评家开始吧。你的脑子里肯定有一个声音在不断质疑：“我够出色吗？我配得上成功吗？我在浪费才华吗？别人在评判我吗？”你要专注于如何鼓励自己增强自信心和正向思维力，不屈不挠地创造自己的非凡人生。你需要这种顽强、坚毅的精神。

接下来我们将对付那个阻碍大多数人实现目标的阻力。重中之重，你必须清楚你想要什么和为什么想要它。忘记目标和在实践过程中跌倒是人之常情，但千万别一遇到挫折就想“我没能力，我做不到，放弃好了”。想清楚你到底想要什么，如果你把想要达成的目标写在“不放弃列表”上，你就会努力去实现它。

即使你在努力后失败了，也要相信自己。人是一种很奇怪的生物——软弱是人的天性，创造和生存也是人的天性。战胜逆境的智慧流淌在人类的血液里。人从一无所有开始，到发明一件工具，再到运用聪明的头脑不断进步，这些都像密码一样深深铭刻在人类的遗传基因里。你的祖先从一无所有到创造出今天的丰饶物产，你当然也能从此刻努力实现自己的目标。

为了得到你想要的，你需要头悬梁锥刺股吗？你需要克服重重困难吗？当然。这本书会告诉你如何面对挑战，有时你也需要偏离平凡之路。

我通往非凡之路的方式是与众不同的。高中时期我的成绩中等，在社区大学读了一段时间书，我又转学到斯坦福大学。之后，我抛下在硅谷与他人合伙创办的公司，周游世界，跟随丈夫移居到得克萨斯州，并生下了两个女儿。第二次创业时，我完全自力更生，只为将工作使命、自身命运和抚养孩子的任务都牢牢掌控在手中。一路走来，我的路不平凡，也不容易。

无论你的年龄、背景和生活环境与我相比有多大区别，无论你的梦想是在公司步步高升，自己创业，还是做最棒的奶妈奶爸、妻子丈夫，你都能用这本书里的建议创造你想要的人生。

读完这本书你会变得十分“自以为是”。你觉得这是一件坏事吗？如果你没有百分之百的自信心，那么你怎么能让自己的成功和快乐滋养他人，帮助他人热爱生活、找到自身力量呢？如果你说的、做的、追逐的事情并非是发自真心的，那么此时的自以为是才是一件坏事。这本书让“自以为是”变得超级正面，你会走上一条充满热爱、正能量、意志力和感恩的路，你的人生会经历从平凡到非凡的改变，并带给周围人积极正面的影响。

我相信无论你选择以什么方式贡献才智，是做医生、教师还是全职妈妈，你的成功都同等重要。选择没有高低之分。如果每个人的价值观都用相同的标准衡量，那么世界将是一个多么怪诞的地方。每个人对快乐的定义不同，所以每个人对成功的定义也不同。

现在就来问问自己，什么才是对你来说真正重要的事情吧。

- 什么能让你快乐？
- 谁是你爱的人？他们的快乐就是你的快乐吗？什么能让他们快乐？只有这些人才是你应该关注的人。

- 你想拥有怎样的影响力？多大规模？是小的、私人范围的影响力，还是中等的，甚至巨大的影响力？这都取决于你。
- 对你来说，真正有意义的目标是什么？是一份事业、一个稳定的工作和家庭，还是和家人、社区的紧密联结？你可以决定什么最重要。
- 你的灵魂投入你所做的事情上了吗？

这些问题很沉重。如果你对现在的答案不太确信，那么不必担心，这仅仅是你非凡之路的起点。不问自己这些问题，你将永远找不到答案。

无须完美

嗨，水罐，我是水壶，我也是黑色的。你应该知道，我不是站在完美的象牙塔上与你分享这些建议的。我远不完美。我每天都会犯错，犯各种错，但我努力从错误中学习，继续前行。这让你长舒了一口气吧。没有人会对你说，创造非凡人生需要完美。你可以从此刻开始踏上非凡之路，每天进步一点儿就好。我们都在不断努力。

再说了，我也不是每时每刻都按这些建议行事。我尝试着在大部分时间里采纳建议，而且每天坚持更长的时间。你的想法不会总和你的行为相一致，为什么？你是人，我也是人。

你什么也不缺

所以，你不需要完美，也不需要天赋异禀，就可以成就非凡。想想看，你有没有做到眼观六路、耳听八方，来评估你的人生？你是否在进行客观的评价？这就是你需要着手去做的。事实上，对未来的渴望决定着你的创业精神。你要相信这种渴望，相信你有力量创造未来以及改变自己。

我会帮助你释放内在的潜能，激发你的创业精神。更重要的是，你要相信：信心大于能力，失败大于胜利，快乐大于成功。

我相信你已经知道，命运不由过去、现状决定，而是由你选择下一步做什么决定。做是关键。你内心那位了不起的“创业者”擅长计划、合作、坚持，直到梦想变为现实。他会真做实干，创造成功。我说的是真正的、带给你平静和快乐的成功，而不只是银行账户上的钱和简历上的头衔。你觉得这样的成功太贪心吗？不是的。

创业精神的 6P 要素

我把创业精神归纳为 6P 要素：激情（Passion）、方法（Path）、正向力（Positivity）、人脉（People）、坚毅（Perseverance）和生产力（Productivity）。6P 要素是让你达成目标、创造非凡人生的必要工具。很多人只有热情却不懂方法——虽然热情能让你每天早上从床上蹦起来，但若没有方法，你就很难把想法转化为有意义的行动。方法是你的行军计划和行军节奏。

若你没有积极乐观的人生态度，成功就是不可能的。我深深相信积极思维的力量，正向力能帮你避开人生路上的障碍。

若没有大家的支持、指导和爱护，你的激情就会落空，你也永远不会完成计划。你需要其他人的帮助，他们能让你明白责任所在，为你欢呼鼓劲，让你感到一切辛苦都值得。

若你没有坚毅的品格，这 6P 要素就无法对你起作用。我永远不会对你说，你无须努力就能实现梦想。要想成就非凡人生，你需要培养自己的坚毅力和实现目标的决心。

最后一个要素是生产力。如何把时间花在刀刃上？为什么看似无趣的“生产力”也很重要？因为有了生产力，你才不至于在实现梦想的路上精疲力竭。成功意味着“聪明地”努力，而不是把自己累死。

创业精神的 6P 要素：激情 + 方法 + 正向力 + 人脉 + 坚毅 + 生产力

此外，你将学到一些实用技巧，包括时间管理的技巧，它们即学即用，可以改变你杂乱无章的生活，让你摇身一变，成为“效率忍者”。家庭、工作、健身、玩乐、友谊，统统都能共存。我会教你一些诀窍，让你既能高效地完成各项事宜，还能悠闲地生活。你要明白，非凡的成就能够与快乐、健康及理智和谐共存。效率把这六要素串联起来，让你在奋斗中享受生活。

但我不想粉饰事实。非凡之路不适合那些试图取悦所有人、一切以别人为中心的人。非凡之路需要你经常说“不”，做出取舍。

创业者特质

好奇，思想自由，想象力，自信，适应性，勤奋，乐观，自律，进取，足智多谋，坚毅，高效

如果你具备了 6P 要素，你就拥有了发现非凡人生的路线图。

我会跟你分享我的心路历程，活在人世谁能不遭受挫折？虽然我也遇到过挫折、有过失误，但我依然在事业上、生活上收获了成功。我学会了用幽默欣然迎接挑战。自我怀疑——又是你啊！你去哪儿了？拒绝——我还奇怪你什么时候才出现呢！我已经为你备好最舒适的房间，但很遗憾，我只能让你住几天。

我会跟你分享很多平凡人做非凡事的真实故事，你会发现每个人都不容易，每个人都经历过挫折。而且，你只有在面对挑战、克服困难之后，才会拥有成功。

如果你具备了 6P 要素，你就将转换聚焦点，看到周围的机会而非障碍。我想提醒你，你还拥有一项最强大的适应机制：感恩。我还想告诉你，你不仅要追求非凡的人生，还要追求在路途中让他人更快乐。

下列问题能帮助你拥有独一无二的非凡人生。

- 你对什么充满激情？
- 你如何找到适合自己的方法？
- 你积极向上吗？
- 哪些人对你最重要？

- 你愿意培养坚毅的品格吗？
- 为了提高效率，你准备好对不契合你的价值观和目标的事说“不”了吗？

也许你现在给不出所有问题的答案，别担心，读完这本书你就会有清晰的答案。

现在，你只需放轻松，享受故事，感受自己的情绪，相信你一定能在这本书中清楚地找到踏上非凡人生之路的方式。

你准备好了吗？只有你自己才能创造你想要的人生！此刻不上路，你又更待何时？

让我们出发吧！

第 2 章　大胆尝试，坚信自己，向前一步

我出生在美国亚利桑那州的斯科茨代尔市。八年级前，我在天主教学校永助圣母堂上学，那里有手拿戒尺的严厉的修女、拉丁文的弥撒经文和格子图案的校服。上完八年级，我家搬到了加利福尼亚州格伦代尔市，它位于洛杉矶近郊。这次，我进入了一家多元化的学校。这所学校里超过 50% 的学生的母语不是英语。

对我而言，高中生活是一场狂欢，也是学习的黑洞。这是一所有 2 000 多名学生的公立高中。如果你刻苦上进，就能学到真知；如果你想混日子，那么也很容易实现。曾经有一位老师给我们发下考卷后，随即又发了答案。他是个好人，但缺乏必要的专业素养。

我是个缺少定性的学生。如果课程是我感兴趣的，我就会学得很棒；如果我对课程不感兴趣，我就会经常旷课。业余时间我还参加了学生会、舞蹈队和啦啦队举办的活动。我每天都很忙，但更多时候是忙于社交而非学习。我在成为一个平庸的人的轨道上快速飞奔。

虽然我的成绩忽上忽下，但我的成绩排名还是让我进入了英语高级班学习，英语老师卡罗尔·欧文对待我的态度比别的老师更用心。一天，我踩着上课铃声进了教室，她严肃地对我说："你差点儿就迟到了！"我回答："您在称赞我吗？因为'差点儿迟到'是'准时'的同义词啊！"她厉声斥责："请你出去！这门课你不用上

了！”她受够了我经常性的迟到和对课程漫不经心的态度。

当时，我很气愤。的确，我的行为很无礼，但她要把我赶出教室？她要我去校长办公室办理转班？她太过分了！我问她为什么对我这么苛刻，她狠狠瞪了我一眼，斥责道：“因为你有这样的天赋却不加以利用，这简直就是浪费！”

这句话是我听过的最能改变人生的赞美以及最难以忘怀的鞭策。我知道她是对的。我很尊敬她，即使我并未表现出来。我急需这些问题的答案：“我有天赋吗？我在浪费我的天赋吗？我正在做不正确的事情吗？我没有很好地自我投资吗？”

我没有把时间、精力用在学习上，而是忙于做一个情绪起伏不定、因父母离婚而整日处于愤怒之中的受害者。我的父母在我上四年级时第一次离婚。他们分分合合，像演一出肥皂剧。他们的最后一次分手给整个家庭带来了沉重的经济负担，我为此而责怪妈妈。虽然长大后我能理解妈妈当时也是迫不得已，但15岁的我不能理解她，我觉得自己被抛弃了。她的所作所为让我感到丢脸，让我沉溺于愤怒之中，无法专注于学业。

在我被撵出英语高级班后不久，我又被叫到了校长办公室。我以为这次被校长点名又是因为逃课惹出了麻烦（虽然我的成绩基本上都是A和B，但学校的很多课程缺乏挑战性，无法引起我的兴趣。上课不如跟朋友们聚餐有趣）。我和朋友瑞奇一起在校长办公室里等待，他平时也有点儿吊儿郎当，所以当我看到瑞奇也在办公室时，我就知道将要发生的不会是什么好事。

出乎我的意料，校长祝贺我们不仅在SAT（美国学术能力评估测验）考试中取得了高分，而且将获得国家奖学金。他还愿意给我们申请的两所大学写推荐信。

当时，我还不确定要不要申请大学。因为我的姐姐刚升入大学，家里的经济条件有些紧张，所以我打算注册本地便宜的两年制社区大学。况且我的 GPA（平均绩点）并不高，我知道自己上不了一流大学。跟其他 17 岁的高中生一样，我也憧憬着外地求学的新奇和冒险，但转念一想，从长远来看，和几个要好的朋友一起上一所外地的普通大学，真的是正确的选择吗？它的教育质量值得为它付出价格不菲的学费吗？

我的爸爸是一个很有才华的人，他拥有工程学硕士学位，而且从不相信不上一流大学的人就没有前途。他反对我申请四年制大学，他认为我应该住在家里，攒钱上社区大学，然后再转学。他的方案很实际，我却觉得这样做很失败。因为我担心不上四年制大学我会错过很多精彩，担心自己过去形成的懒散习惯会影响未来的发展。

那个周末，我到朋友家参加派对，她的父母不在家。同学们都在兴奋地讨论着要上哪所大学。

从厨房饭桌上方的灯具上，垂下来一只长翅膀的纸板猪，上面用铅笔潦草地写着《爱丽丝漫游仙境》的作者刘易斯 · 卡罗尔的诗：

“是时候了，”海象说，

“咱们来东拉西扯。

谈谈靴子、船舶和密封蜡，

还有白菜和国王。
谈谈海水为什么滚热，
猪有没有翅膀。”

这首胡言乱语的诗让我觉得很神奇。除了会说话的海象和异想天开的不知所云的描述，这首诗似乎想告诉我：是时候相信猪也有翅膀了，且我可以相信不合常理的奇迹也会发生。在那一刻，我内心的希望之火被点燃，我意识到，我不应该担心不上四年制大学会失去什么，我必须相信社区大学的求学之路可能是一条最好的路。

我醒悟了：与其担心会失去什么，不如多想想我能做什么、什么时候行动以及如何扭转现状。在那一刻，我明白了从现在开始努力并不晚，而且我必须更加努力，后来居上。我选择的这条路不会轻松，甚至有些不合常规，但我一定不会后悔自己的选择。

在那一刻，我决定绝地反击——我要上社区大学，并为之付出百分之百的努力，我要看看会有怎样的结果；我要停止扮演受害者，因为过去主宰不了我的未来。

我第一次想通了：当我不再关注自己的弱势，只是专心追逐自己的梦想时，我就在以最非凡的方式改变着自己的人生。

绝地反击

1990 年夏天，我高中毕业，进入了格伦代尔社区大学。我没有迟疑，我要继续努力、后来居上，我要打工赚学费。我的课程表被安排得满满的，我还要一周工作 20 个小时，兼职做餐厅服务生和律所文秘。

那些直接进入四年制大学的学生可能会认为上社区大学比较轻松，但事实并非如此。在我看来，社区大学的一些老师，比如教授经济学的史蒂芬·怀特老师，比我后来在斯坦福的一些知名教授教得还要好。

还有人认为社区大学里都是些混日子的学生，其实也不尽然。开学一段时间后，来上课的学生慢慢变少了。有些人退学了，他们的借口无非是太忙或付不起学费。但是，留下来的学生都相信受教育是一件重要的事，他们会在打工的同时完成学业，当然，他们也需要付出非凡的努力。我的同学中有一位移民爸爸，他有 3 个孩子。他会在早晨 8 点上一节经济学课，下课后飞奔去做保洁员，然后继续转战第二份工作，晚上 8 点回到学校继续上会计学课。我的很多单身妈妈同学都打好几份临时工来抚养几个孩子，她们还要通过上夜校的方式取得学位。这些人绝不是来社区大学混日子的。

社区大学里的学业竞争并非不激烈，我有很多同学都是成年人，他们在别的国家有学位，只是需要在美国重新考试认证。我所上的数学课和科学课的同学几乎全是亚美尼亚的医生和工程师。这些移民同学坚毅的品格教给我两个道理：优秀的人无处不在且各不相同，成功没有统一的模式。

为了考试成绩得到 A，我会到免费的辅导中心找助教辅导，在较难的课程上多下功夫。记得那时我几乎每天都找一位助教辅导。每天来到她办公桌前，我就会说：“老师，又是我，你的忠实学生又来了。”

修完宏观经济学入门课程后，我又爱上了经济学。我不再是患拖延症的翘课大王，我成了上课坐在第一排、下课攻读额外参考文献的学霸——华丽变身完成。读完米尔顿·弗里德曼的《自由选择》，我查了一下，这位诺贝尔经济学奖得主是斯坦福大学胡佛研究所的研究员，胡佛研究所是一家顶尖经济智囊机构。当时，我的很多朋友看到走在洛杉矶街头的娱乐圈明星时，都会对他们肃然起敬，我却不以为然。我想见的人是米尔顿·弗里德曼。经过一番调研，我发现斯坦福大学有全美国最好的经济学本科专业。我找到了自己的目标，潜藏内心的自信让我相信自己能进入斯坦福大学深造。

那时，我还是社区大学助学金和辅导员办公室的忠实客户。只要有申请助学金、学生贷款和奖学金的机会，我就积极申请；只要有转学条件和转学申请的新动向，我就马上约时间向辅导员咨询。

毕竟，当时斯坦福大学还没有网站，因为因特网还不存在呢。当我告诉辅导员我想申请斯坦福大学时，她用嘲笑的口吻说：“你居然还想申请斯坦福大学？这太不现实了，你根本不可能进去！”我反驳道：“我有全 A 的成绩，转学考试我也一定能得高分。”

她回复说：“你知道有多少 GPA 4.0 的学生进不去吗？你没有一点儿机会，人家根本不会录取社区大学的学生，格伦代尔没有一个学生能进得了斯坦福！”她毫不掩饰地大笑不止。

在这个关键时刻，在我极可能轻易放弃远大梦想的时候，我没有怀疑自己，我只怀疑她。我不客气地说：“老师，你听好了，如果你总是告诉学生‘别申请’，那么他们当然不可能进入理想的大学学习。如果你这么鄙视这里的学生，那么也许你该另谋高就！我不愿意用我的税金和学费帮助你维持这种恶劣的态度，我会找一个愿意指导我转学的老师咨询！”

以任何客观标准去衡量，的确如她所说，我转进斯坦福大学的机会很小，但她应该说一些鼓励的话，诸如“谁知道呢，你试一试也没坏处，说不定你是第一个考进斯坦福大学的学生呢”。

在她的办公室里，我学到了重要的一课：你必须成为自己最强大的信心和力量来源。那么我该怎么做？申请还是不申请？当然，我更愿意做一个乐观的傻瓜，哪怕申请被拒，我也不能接受自己未曾尝试就放弃。

你必须成为自己最强大的信心和力量来源。

就在那一年（1991 年），斯坦福大学新任命了一位招生办主任詹姆斯·蒙托亚，他恰好热衷于关注先前被忽略的申请者来源——社区大学。当年斯坦福录取了 119 名大二及大三的转学生，其中 23 名学生来自社区大学，这是史无前例的。当然，我收到斯坦福大学厚厚的录取通知书的那一天，并不知道这些数据。

当我 1994 年从斯坦福大学毕业时，正好是我离开胡佛高中英语高级班的第五年，我买了几张毕业请柬（花了二百块钱）。我买请柬只有一个原因，我想把其中一张卡片寄给卡罗尔·欧文老师，告诉她：“谢谢您，我并没有浪费我的天赋！”

我也可以给格伦代尔的辅导老师寄一张卡片，写上："我告诉过你，我不会放弃！"但我没这么做，因为我早已忘记了她的姓名，她也不值得我浪费时间。再说，与其证明那些不相信你的人是错误的，不如证明相信你的人是正确的，后者会带给你更大的成就感。我之所以忘记了她的姓名，是因为我从不给对我说"不"的人给我造成困扰的机会。说"不"的人总会在你的生命中出现，你要尽可能快速地忘掉他们的姓名。不要怀疑自己，你应该怀疑那些怀疑你的人。

我坚信，无论那天我收到的是录取通知书还是拒绝信，我都会在将来获得成功。从名校毕业不是非凡人生的关键，只是众多选择中的一种。没能走这条路，你可以再找一条路走。如果你认为只有某一条路才能让你抵达目标，那么你将永远不会抵达。

从格伦代尔的社区大学到斯坦福大学，我学到了什么？如果你对某件事的信念强大到愿意为之投入非凡的努力，你就一定能让它发生。

足够自信

自信心不会一劳永逸。别担心，实现非凡人生不需要你对着镜子说："我足够优秀，我足够聪明，人们喜欢我！"但是，你的确需要培养积极的思维模式，来保持自信心。每个人都有点儿"冒牌者综合征"（Imposter Syndrome），都会感觉自己没有真正的实力，而且担心总有一天会被其他人发现！其实，并非只有你才有这种感觉，所以你不必太在意。

就以上斯坦福大学为例，虽然我敢申请斯坦福大学，并且考了进去，同时也有能力学得很好，但我仍旧有一点儿“冒牌者综合征”。那个时候我是这样开导自己的：也许我在高中没有别的同学学得好，但我会认真听讲、全力以赴；也许我不是斯坦福大学最聪明的学生，但我会做那个最用功的学生。我会担心自己不是尖子生吗？是的。但我可以一边恐惧一边努力。我学到的重要一课是：你必须冲破自我怀疑，你必须接纳恐惧和失败，只有这样你才会拥有非凡的人生！

提升自信心：问问儿时的你，能力有多大

想增强你的自信心吗？拿出一张你四五岁时的照片，描述照片里的那个小人儿。你在那张脸上看到了什么？你能看到勇气和欢乐吗？

你会告诉那个孩子，她有多大能力吗？如果有人对她说她不够优秀，你会对那个人说些什么？像保护那个孩子一样保护已经成年的你，因为你依然是那个孩子。

我有一张 20 世纪 70 年代的老式照片，是我四五岁时参加舞蹈演出时的照片。照片里，我身穿浅粉色的亮晶晶的舞蹈服，头戴一顶黑帽，脚踩踢踏舞鞋，手握一根手杖，咧嘴大笑。

我看着这张照片，突然哭了起来。我不敢相信从那时到现在我对这个小女孩说了多少恶毒、难听的话。看着这张照片，我认为自己身上的种种缺点突然都消失了。从小女孩身上，我看不到自己曾经的那些缺点，我只看到善良、爱、赞叹、好奇、勇气、幽默和兴奋。我看到一个潜力无限大的小人儿。

那些后来穿上的防御性盔甲并不属于我，我可以卸下它们。虽然我的某些缺点是真实存在的，但我不能被它们所定义。

我只能模糊回忆起那次舞蹈演出。我错过了好多练习，不熟悉舞蹈动作，但我毫不在意。我一点儿都不担心台下的观众会笑话我，我站在舞台上，就那么咧嘴跳起来。

做一个敢于尝试的傻瓜

创造非凡人生，你无须完美，但需要一定程度的“傻气”。我和别人合伙创办“Della & James 网”（后更名为“婚礼频道网”WeddingChannel.com）时才 24 岁，当时的我不可能什么都懂。但讽刺的是，像大多数年轻人一样，我自认为什么都懂，浑身上下充满了能量和自信。回首过去，我的早期成功可以归功于一种天真，天真到意识不到自己的梦想太大，我就只是埋头去做，而且竟然成功了。

有一个人让我意识到天真的可贵。那时，我还在斯坦福大学商学院读书，并想退学创业。在出去融资前，我和合伙人珍妮·莱弗科特想找人参谋参谋，于是珍妮打电话给她以前的老板——有多次创业经验的约翰。

接纳恐惧和失败，只有这样你才会非凡。

我们和约翰的见面地点就在斯坦福大学商学院的食堂，当时那里只是一间没窗户的地下室（远没有今天这么高端大气上档次）。我们请他吃学生餐，以换取他向我们传授一小时的经验智慧，很赚吧？我们对他说："我们想做一个线上一站式的结婚礼物登记簿，集中全部零售巨头和内容资源。这个想法挺厉害吧？不仅客户价值明确，我们还建了数据模型，其商业价值也一目了然，这块蛋糕相当大啊！我们马上要见风投负责人了，请问谈判方面有什么注意事项吗？"

坐在我们对面的约翰把身子往后仰了仰，好像听见什么笑话似的说："噢，我真羡慕你们……因为你们是相当天真啊！"

此时你会想，他是在夸我呢还是损我呢？因为我并没有想说"谢谢你"的感觉。

约翰继续说："我赞赏你们的无知无畏。你们就像初生牛犊，一眼看见这条容易之路。你们只看见前面挡着一堵墙，就觉得没问题啊，我能翻过去，不就是融资吗？等我搞定它之后，就可以宣布胜利了。但是，我走过这条路，我知道那堵墙比你想象的高得多，我不仅能看到这堵墙，还能从高处看到下一堵墙，下下一堵墙，下下下一堵墙……每堵墙都高得吓人，看到这会儿我已经腿软了，心累到不想再爬了！”

我沉默了几秒钟，然后真诚而平静地对他说“谢谢你”。我知道在那一刻，我学到了斯坦福大学从没教过我的一堂课。从那时起，我跟自己签订了一份契约：我决不让岁月和经验夺走我的能量和乐观。我对自己发誓：我宁愿做一个敢于尝试的傻瓜，也不做一个心累到不想再尝试的人。

实际上，拥有正确的创业精神，你就有了一双慧眼，能看到费力爬墙并不是唯一的选择。你还会发现，如果你知恩图报，就会有很多贵人愿意拉你一把。如果你看得更仔细，那么偶尔也会看到墙上有一扇门，推开门就能走过去。

在增长智慧的同时保持天真乐观，是一种你能够掌握的人生技巧。我们都期待通往成功的路一片坦途，但即便在《绿野仙踪》里，多萝西和她的朋友在去往奥兹国的路上也遇到了许多困难和挑战。在生活中，挑战和挫折不可避免，但勇敢者会保持天真乐观，睁大眼睛留意那扇隐秘的门。如果害怕踏上荆棘遍野、少有人走的路，那么你的非凡之旅将无法开始。

之后，我们的确为 Della & James 网站融到了资，而且是一大笔钱，这就是赶上了网络公司非理性增长期的好处。正如约翰所言，翻过这堵融资墙，我们又遇上下一堵墙、下下一堵墙……客户、产品、合伙人……所有你能想到的困难。但我们一直保持着天真乐观，问题一个个被解决，而且我们还活着。

在这个过程中，我又学到了重要的一课：别把自己太当回事儿！偶尔看起来像个傻瓜不是什么大事儿，这并不丢人。记住，你宁可做敢于尝试的傻瓜，也不要做不敢尝试的懦夫。选择一条充满荆棘的路并不是愚蠢，在这个过程中，发现问题、解决问题，你就创造了价值。

人生的路上，你会遇到无数喜欢说“不”的人，所以，拥有充足的自信心很重要。最好你一个人的自信心够两个人用，因为相信你的人可能会在一秒之内变成怀疑你的人。

我和珍妮获得的第一笔融资来自道格·麦肯泽，他是凯鹏华盈风投公司合伙人。他与我们的约定是，当年夏天我们就能拿到 30 万美元，而要拿到剩余 70 万美元只需满足一个条件——签下隶属于美国联合百货公司、占领婚礼业最大市场份额的梅西百货，一桩“800 磅大猩猩”级的大买卖。

那年夏天，我们在帕洛阿尔托的大学街上的一间狭小的办公室里，不分昼夜地工作。我们在和时间赛跑——招聘工程师，制作产品演示，约见零售商，推销我们的网站。

珍妮的推销能力令人叫绝。Crate & Barrel（美国本土家居品牌）的首席执行官的儿子曾告诉她，他同意签约的原因是受不了这位美女的“苦苦哀求”。一分耕耘一分收获，夏末，我们不仅签下好几家大零售商，还获得了梅西百货的合作意向书。重量级玩家已就位，剩余的 70 万美元即将被锁定。

道格履行着他的调查义务，在夏威夷度假途中，他给梅西百货打电话确认其是否与我们有合作意向。这是剩余 70 万美元到账的最后一步，关系到公司的生死存亡。在电话中，梅西的高层突然宣布撤销合作意向——迫于董事会层面的压力，他们决定与我们唯一的竞争对手签约。

一周后，道格度假归来，约我们去他办公室面谈。走进那栋办公楼，我们心里很清楚，很可能我们出来时两手空空。夏天已接近尾声，我们的种子资金即将用尽，斯坦福大学商学院也不再欢迎我们继续完成学业了。

果然，一进道格的办公室，扑面而来的就是他对下一轮注资的质疑：如果签约的其他零售商也反悔，那么你们怎么办？没有梅西百货，你们行吗？目前的项目看起来风险挺大啊！我对道格说："听着，你看到了风险，恭喜你！因为有风险才有收益，没风险就没收益。如果你想要低风险，买收益率极低的国库券就好了。如果你想要风险收益，就在我们身上冒个险，我们一定会把生意做大，无论有没有梅西百货。我们需要的合作伙伴不是遇到一点儿风浪就退缩的人，你明白吗？"

结果证明，道格并不需要梅西百货的一纸合同，他需要看到相信自己、相信项目潜力的创业者。之后，他把 70 万美元打到了我们的账户上。如果那天我们没有双份的自信心，项目可能就被搁浅了。记住，当麻烦出现的时候，别退缩，而是让自己拥有足够两个人用的自信心。

后来，我们与和梅西百货签约的竞争对手合并，更名为"婚礼频道网"，为用户提供真正的一站式服务。剧情曲折，但结果没变，梅西百货的合同终归得手。再后来，我们把婚礼频道网卖给了爱结公司，售价 9 000 万美元。

虽然这个项目并不算很大，但我对于我们最初的创意转变为数百万人使用和喜爱的一项服务非常骄傲，对于新手来说，这个结果不算差。婚礼频道网是我事业之路的重要里程碑，为我创办 Stella & Dot 奠定了基础。我第一次的创业体验证明：如果你相信自己，努力奋斗，并能让别人也相信你，那么你就能变不可能为可能。

恐惧，但勇往直前

每年，Stella & Dot 都会举办一场全美销售大会，名为“狂欢会”，召集每个品牌的创业者共聚一堂。2014 年在奥兰多举办的狂欢会上，我们聚集了成千上万名女性，一起学习、成长、庆祝、狂欢。每届大会我们都会设立一个主题，带给大家激励和灵感。我们的目标不仅是分享信息，而且是激励、帮助我们的创业者不断提升自信。为什么我们把提升自信作为重点呢？因为大家已经知道如何去做——这是一个信息时代，到处都有教你如何做某事的视频，但是，大多数人缺乏的不是如何做某事的技能，而是真正去做某事的自信心和内在驱动力。

狂欢会被大家评价为“具有改变人生的力量的会议”，因为它带给参会者技能与自信的双重提升。我们希望在大会结束时，参会者能获得满满的自信和动力，去追逐事业及人生的更大成功。

狂欢会在每年夏天举行，我的两个女儿也经常参加，她们与我和狂欢会一同成长。我们有自己的唱片骑师（DJ），跳舞也不仅限于晚场的派对。我们在整个销售培训大会中穿插了音乐和舞蹈来活跃气氛、带动热情。（难怪总有隔壁房间的牙医会议上的人溜进来，他们的脸上写满了羡慕和嫉妒。）去年，我的小女儿塔特跑上台，为大家展示她刚学了一节课的街舞动作，她身上洋溢着8岁孩子的自信和快乐。对于这种场合，我的大女儿夏洛特有点儿畏缩，像典型的10岁孩子一样，她更谨慎，在乎他人的看法。夏洛特相信她继承了爸爸的韵律感（爸爸缺乏韵律感），所以认为自己不会跳舞。她很确定自己不会跳舞，一旦跳舞就会让人笑话，所以她只是站在一旁看别人跳舞。

因为夏洛特不敢上台，所以她很佩服妹妹塔特的勇气，尤其当她听到大家对塔特赞不绝口时。她发现了一个秘密：大家真正喜爱的不是塔特出色的舞步，而是她无忧无虑的自信和快乐。

今年，在拉斯韦加斯举办的“闪亮狂欢会”上，夏洛特问我她可不可以“一雪前耻”。于是，在我的主题演讲中间，面对3 000多名参会者，夏洛特用行动向我阐释了什么是勇敢。当她手握麦克风走上台，我能看出她11岁的小身体有些僵硬，我暗暗为她担心。她好像停顿了很久，然后深吸了一口气。

夏洛特睁大眼睛，环视会场，将人群尽收眼底，然后用自信、友好的声音欢快地说：“大家好！”她一边说话一边微笑招手。我惊呆了，简直不敢相信自己的眼睛。

夏洛特走过一段很长的舞台，她走到终点，继续说道：“勇敢者也许不会永远活着，但谨小慎微的人相当于一天也没有活过。这是《公主日记》里的一句台词，昨晚我和妹妹塔特看了这部电影。”她接着告诉观众，虽然她很怯场，但她意识到Stella & Dot是一个关于勇气、热情、勇敢、做自己、不用在乎别人怎么想的公司，所以她上台演说来战胜自己的怯场心理。因为是闪亮狂欢会，所以她要为大家唱一首 Echosmith 乐队演唱过的《闪亮》。

夏洛特的歌声是我听过的最甜美的声音，这个小女孩的身体里蕴藏着巨大的勇气。我知道她唱完歌后我还要演讲，但我还是忍不住流下喜悦的泪水。不仅是我，整个会场都被她征服了，我看到大家的眼眶都湿了。

会后夏洛特告诉我，在她停顿的时候，她看着会场里的人，心里有点儿害怕。当时，她在心里问自己："现在，换成是妈妈，她会怎么做？"这让她在恐惧中找回了勇气。我从未感到如此骄傲——我的公司使命和理念让我在女儿心里成了更好的妈妈。而且，尽管夏洛特感到恐惧，但她还是做到了。

下一次，当你畏缩不前时，别忘记，非凡只存在于你的舒适区之外。虽然你心中的恐惧不会消失，但如果努力寻找，你就会发现勇气就在你心里。你一定要勇敢地生活，因为胆怯的人相当于一天也没有活过。

你有多勇敢？

问问自己这些问题：

• 如果心中不再有恐惧，那么你会做什么？你曾让恐惧阻挡过你的脚步吗？

• 你想让哪些人对你刮目相看？这个名单很短吗？只包含你最爱的人吗？你自己排在第一位吗？这个名单很长吗？那些你并不怎么在乎的人

也包含在内吗？

• 你认同“失败的唯一方法是从未尝试”这句话吗？你认为失败是通往卓越的必要一环吗？

• 你会跟谁分享你的远大目标？分享你的目标，有助于目标的实现。你认为谁可以督促你更有责任心？为什么？

• 你要做的、帮助你实现目标的第一个勇敢行为是什么？哪些小行为能让你离目标更进一步？

永远向前一步

2015 年 1 月，我参加了硅谷女性领导者会议。那时，4 000 名女性欢聚一堂，而“自信心”成为会场热议的话题。

小组发言结束后，一位 50 多岁的女士走过来，向我表示感谢，她感谢我给她传递的乐观精神。她厌烦听到一些发言者滔滔不绝地讲述女性如何处于弱势地位，却对女性如何获取希望和进步不甚关注，同时她们也不给出任何扭转弱势地位的策略。那些“愤怒的咆哮”时常让她感到自己的前途渺茫，从而失去自信。

我认同她的观点，因为我也听过大量类似的发言，我知道给他人带来希望是一件更有力量的事。诚然，公司领导层中男性所占的比例更大，可那又如何？这也许是事实，但你不必让它成为阻碍你事业发展的因素。把它抛在脑后，继续拼搏吧！

那位女士接着对我说：“我的妈妈很挑剔，小时候，她特别喜欢贬低我，这么多年来我一直在试着重建我的自信心。”

听到这句话，我觉得我必须要给她点儿“严厉的爱”了。“你等一下，”我问她，“你现在都多大年纪了？问责爸妈的诉讼时效在 30 年前就已经失效了吧。”

我并不是没有同情心，我也曾责怪妈妈许多年。但总有一天你必须脱下受害者的戏服，成为你人生剧中的英雄。你的胜算很小吗？那么恭喜你，每个赌徒都知道胜算越小赢钱越多。我不是赌徒，但如果是赌我自己，我会把赌注全押上，义无反顾。你需要做的是，把自己当作小概率的例外事件，赌自己能赢，然后行动起来，让梦想成真。

统计数据和不利处境远不能影响你。艰难的过去塑造了你，但它并不需要成为你人生成败的影响因素。某些东西可以是一个事实、一种感觉，但你可以不让它成为影响你的因素。当你坚信某种处境将带给你负面影响时，请问自己这样一个问题：它是一个事实、一种感觉，还是你把它当成了影响你的因素？

培养孤鹰自信心

斯坦福大学商学院有一门很受欢迎的课——创业冒险课。这门课的教授伊夫·古斯贝克告诉学生，创业者必须具有孤鹰的品质：“记住，鹰从不扎堆，你只能见到单独的一只鹰或成对的鹰。”

我听到这个比喻，顿时产生了共鸣。为什么是孤鹰？孤鹰都做些什么？它们在高处飞翔，独自筑巢。就像孤鹰一样，要创造新的东西，你就要飞得足够高，获得能超越今天、畅想明天的广阔视角，你必须走自己的路，而非满足于循规蹈矩。我知道，一路走来，我必须像孤鹰一样才能成功。

“孤鹰自信心”不是指为了与众不同而与世界对立的自信，它是一种能飞高望远、瞄准长远目标和主动独自筑巢的自信。做一只孤鹰，不是让你做一个孤独者，而是让你有能力主宰自己的命运。

你太在意别人的看法，实际上别人根本不关心你，因为他们也在忙着担心其他人怎么看他们自己。你不能总是东张西望，不要每做一个选择都要寻找外界认可。你要牢牢盯住自己的目标！问问自己需要怎么做才能让自己骄傲，让你最在乎的那一小部分人——你的爱人和孩子骄傲。

今天，我已进入不惑之年，我很享受这个阶段。我更加关爱别人，也更少在意别人的看法。这是一个“让自己骄傲”的人生阶段。

要想成功，智商、创造力、善良和敬业精神都是很重要的影响因素。但是，如果你把这些特质和孤鹰自信心结合起来，你就会更快地发现你的热情所在，创造出独特的成功机会。

有了孤鹰自信心，你就有勇气去追逐发自内心热爱的生活，而非别人为你设计的“模板式”生活。有了孤鹰自信心，你就有勇气坚持自己的路，不让别人的想法干扰你，尤其是在你遇到挫折的时候。

孤鹰自信心并不意味着你摆脱了怀疑和恐惧，而是你的自信心最终战胜了怀疑和恐惧。你有不确定的感觉很正常，事实上，它标志着你正走在正确的路上！你正在征服新的疆土，走在从未走过的地界——也许这里从未有人来过，所以你当然不会知晓一切，确信一切！

我坚信，每个人都能培养自己这种独特的视角和自信心。我的孤鹰自信心是在我停下脚步喘息时产生的。例如，在某一个时刻，我意识到，要想创办第一家公司，我就必须从斯坦福大学商学院退学。

在几家高科技初创公司工作了几年后，我决定回到斯坦福大学念研究生。回到学校不仅能继续学业，还能让我有充足的时间完善在线结婚礼物登记簿的想法。我申请就读斯坦福大学商学院，因为它有最好的创业研究专业。而且，加利福尼亚州的气候也是相当不错的。

虽然我的本意是等研究生毕业后再创办公司，但事情进展已超乎我的预期。开学没几天，我就遇到了珍妮，我后来的合伙人。我们恰好都想做在线结婚礼物登记簿，于是我们决定整合双方的想法，并参加一项商业计划书竞赛。第一学年春天，其中一位评委提出愿意资助我们的计划——前提是我们要同意立刻退学去办公司。

而现实情况是，我能被斯坦福大学商学院录取，机会难得；我已经欠下一大笔学生贷款，要好几年才能还完。只有少于 1/10 的硅谷初创公司才能存活，我们公司会是那 1/10 里的吗？为规避风险，珍妮和我约见了斯坦福大学商学院的院长，我们问他："假如我们的初创公司撑不过这个夏天，我们还能接着回来上学吗？"

他回答："如果你们的公司撑不下去，就证明你们不是我们想招的那类人。"

这是一个没有回头路的决定，但我并不觉得很难选择。我来上商学院并不是为了得到一纸文凭，而是为了获得融资、创办公司所需的知识、人脉和可信度。如果在毕业前我就得到了这些，那么在我看来，退学是一种收获而不是风险。

幸运的是，并不是每个人都跟院长想的一样。当时我们在修一门独立研究课，在教授的指导下，我们的商业计划书可以拿到学分。当我们打电话告诉教授，“我们的商业计划书获得资助了，我们要退学办公司了”，他高兴地说：“哇，那我这门课你们肯定通过啦！”

我的“孤鹰爸爸”也为我感到骄傲，他对我说：“你能被斯坦福大学商学院录取，这相当不错！而你决定从斯坦福大学商学院退学，就更厉害了！”这下可让爸爸对我刮目相看了。

多年之后，当婚礼频道网大获成功，经常有人问我是否打算回斯坦福大学商学院读完工商管理硕士学位。我很不理解人们为什么这么在乎这件事，在我已经创办了一家新公司之后，为什么我还要回去上“新公司的创办”这种课呢？后来我的确回去了，不过是作为客座讲师，去讲授 Stella & Dot 案例。

当我和丈夫把我们的文凭装裱起来，准备挂在墙上时，我才发现有点儿问题——我不喜欢他有两张文凭，而我只有一张。我并不想跟他竞争，只是因为这样挂打乱了墙面设计，我对家装的态度是很认真的。于是，在本来属于研究生文凭的位置，我挂上了我取得的婚礼频道网专利技术证书，这看上去毫无违和感。

第二部分

发掘你的创业精神

第3章　找到内在的激情，找到你的人生使命

> 只有做你酷爱的事情，你才能真正成功。不要以赚钱为目标。你要做你热爱的事情，做得精彩绝伦，让人无法将视线从你身上移开。
>
> ——玛雅·安吉罗

不停顿，不辩解，内心充满激情，坚定地追逐一个清晰的目标，这便是成功之路。但在追逐目标之前，你必须知道你真正的梦想是什么，这需要你拥有开放性思维、敞开的心和敢于说“不”的意愿。当你不断打磨你的创业精神时，顿悟便会不断出现，引领你走向非凡人生。

你到底想要什么？

你到底想要什么？你的天职是什么？这些问题听起来很深奥，但如果你想要非凡人生，就必须找到这些问题的答案。若你想成就真正宏大的事业，就必须追逐发自内心热爱的事情。因为真正宏大的目标实现起来是非常难、非常漫长的，只有你发自内心热爱它，你才会快乐地走完全程。

马克·吐温说得好："你一生中最重要的两天：一是你来到这个世界的那一天，二是你想明白为什么来到这个世界上的那一天。"当你知道你热爱什么、你此生要做什么时，你就找到了实现非凡人生的关键的第一步。

不停顿，不辩解，内心充满激情，坚定地追逐一个清晰的目标。

要是能接到神的电话该多好："我有你最想要的东西！下周二上午 10 点，准时到这个地址，然后，你这辈子就有激情、喜悦和成就感了！"不好意思，不会有这种电话。你的激情将在未来某个不确定的年纪突然出现，可能是 20 岁、32 岁、45 岁，甚至 58 岁。当你变了，让你有激情的事物也会改变。你 20 岁的酷爱之物可能不是你 30 岁、40 岁的酷爱之物。

你不确定要选择哪个方向？选择哪个专业？做哪一种生意？走哪一条职业路线？你有房子、有孩子、有伴侣，为什么仍感到缺了些什么？它是某种只属于你的东西吗？不要压抑它，要去追逐它。

不管你选择了什么，一定不要只为赢得别人的认可而做选择，它必须是你真正热爱的事情。

我的合伙人布莱斯·亨伍德·哈里斯追逐内心激情的故事最能激励人心。

当时，布莱斯在斯坦福大学学艺术专业，但她快毕业时还不确定自己要做什么，她只知道自己想做充满创意、不落俗套的事情。她从爸爸身上继承了创业精神。但作为长女，她还有一种强烈的愿望，想做某种严肃认真的、符合传统价值观的充满成就感的事情。

正当布莱斯跟这两股相反的力量搏斗时，机会降临了。布莱斯遇到一位艺术家，他有一个儿童拼插玩具的创意。这不是最好的机会，但正好是布莱斯的两种激情的结合：创意和创业。布莱斯不懂怎么制作玩具，但什么也难不倒她。她跑到图书馆，借了一堆书阅读，试图学习如何注塑成型塑料玩具的全部知识。之后，布莱斯和她的合伙人一起在这位艺术家的烤箱里烘烤出了玩具原型，并优化了设计。

在玩具原型的创作阶段，他们获得了一小部分融资。然后，他们带着作品“大圣”参加玩具博览会。两年后，“大圣”的销售额已达 800 万美元，并且还有公司想收购“大圣”。除了享受追逐激情、从无到有进行创造的成功之外，布莱斯还认清了自己：她是一个艺术家，但也是一个创业者。

在接下来的几年时间里，布莱斯听从内心的声音，不停寻找内心真正的激情所在。她想成为饰品设计师，于是，她搬到墨西哥圣米格尔市学习金属加工和珠宝制作专业。随后，她用自己独创的饰品，成功申请到以访问艺术家的身份前往帕森斯设计学院巴黎分校交流的机会。

当布莱斯意识到巴黎还没有中等价位与一流设计相结合的饰品公司时，她认为这是一个巨大的商机。经营高端饰品的公司有很多，经营低端饰品、设计一般、质量一般的公司也有很多，但中端市场呢？于是，她暗下决心，要打造中端、平民饰品，填补市场空白。

布莱斯还意识到，自己也许是个有天赋的设计师，但却没有完全具备创办、经营一家公司的能力。于是，她决定去纽约哥伦比亚大学商学院进修，她要掌握抓住这个巨大商机所需的一切能力。

毕业后，布莱斯加入了路易威登集团的管理培训生计划。当听闻路易威登和戴比尔斯将合作启动一项新业务时，她知道机会来了。虽然他们只招聘有欧洲背景的候选人，但布莱斯并没有因此退缩。她飞到巴黎。在下榻的青年旅社，她打电话给路易威登的首席执行官，约他见面喝咖啡。她有一股不达目的决不罢休的冲劲儿，内心的激情赋予了她势不可当的力量。

之后，布莱斯成功地约到了路易威登的首席执行官。她用法语自荐，畅谈自己对新职位的兴趣和想法。她锲而不舍的精神得到了回报——这位首席执行官终于同意录用她。不过，他无法支付外派薪水。布莱斯表示无所谓，因为她更看重经验的增长。为节省开销，她住在一间 23 平方米的小公寓里，因为房间很小，所以她不得不把胸罩和内衣塞在烤箱里。

工作第一周，她遭到了所有人的排挤，但她微笑面对，继续努力，因为她不在乎别人怎么看她，她在乎的是成功完成新业务。以这样的态度工作，她终于做到了。这份工作不仅让她学会了如何从无到有，打造出一个品牌和生产线，还教会了她如何在初创公司如鱼得水、迅速成长。

若干年后，她决定回到旧金山，专注于打造她梦寐以求的中端饰品品牌。她每周都给香蕉共和国（Banana Republic）配饰部主管打“骚扰”电话，直到成功约到一次面谈机会。6 个月后，她拿到了首饰部主管的职位。工作短短一年内，她所在的首饰部营业额从 2 500 万美元增长到 5 000 万美元。

那么，布莱斯的非凡之处在哪儿呢？首先，她听从内心的声音，不停寻找内心真正的激情所在，然后她将这份热情运用到了巴黎的工作中。为了得到她在乎的东西，她宁愿舍弃不重要的东西（比如一间放得下衣柜的公寓）。为了实现梦想，她不停地提升自己的技能，为梦想插上了能力的翅膀。追随内心激情指引的方向，她获得了非凡的人生。

你有你的激情所在

在商学院演讲时，我经常遇到一些热忱的学生跟我交流他们的创业想法。我喜欢年轻人对自己的创意万分投入、充满激情的样子。然而，我必须承认，有些学生喜欢借用网络热门词汇夸夸其谈：“我们将瓦解云端物联网，这个计划的价值将在 3 年内翻 3 番。”我问他们：“你有多想实现这个创意？为什么？它会影响到谁？哪类人的生活将被它改善？你对这个创意倾注了感情吗？它为什么对你这么重要？”那些一上来就满口“瓦解”“市场份额”的学生，往往无法回答这些问题。

要创造非凡人生，你的内在激情一定是个性化的，你要有情感和金钱的双重投入。对于第二次创业的我来说，为什么内在激情加倍重要呢？因为我知道，你可以创造商业成功，但依旧体验不到真正的成就感和满足感。

26 岁时，我和珍妮因为 Della & James 成功登上《奥普拉脱口秀》。奥普拉向全世界宣布：这两位姑娘追逐心中的激情，赚到了巨额财富，公司现值超过一亿美元。虽然访谈时间不长，但这次曝光给我们带来难以想象的流量，甚至让网站瘫痪了。之后，我经常接到全美各地陌生人的电话和邮件，除了个别的骚扰来电，其中被问的最多的是这样一个问题："我如何能像你一样创办一家公司，收获成功呢？"

我该怎么回答她们？难道我要说："你要去上商学院（你会背上沉重的学生贷款），融到风险资本（必将迎来投资人套现事件），习惯雇人和解雇人、能一个人做七个人的工作、天天飞来飞去（换言之，几乎每天晚上每个周末都加班）——如果这些你全做到了，你就成功了！"

问题是，虽然奥普拉把我们公司夸得像实现了美国梦一般，但织梦的过程却堪比一场噩梦。虽然我的外表看似光鲜如常，但其实我已经开始打退堂鼓了。因为当时我刚刚订婚，想婚后尽快要孩子，显然这种飞来飞去、加班的工作节奏就不再适合我了。

在婚礼频道网并购工作接近尾声时，珍妮怀孕了。公司合并后，我们不得不裁员，在两个城市之间飞来飞去。我们尽全力在 2000 年非常艰难的市场中存活，工作压力极大。我记得有一次，珍妮在开会时说话很强势、咄咄逼人，之后她轻拍肚子温柔地对肚里的宝宝说："我不是冲你发火，宝贝，别理会妈妈说的话噢。"

那时我和另一家电商公司的合伙人兼首席执行官聊天，她刚生下一个小宝贝。我说，我想一边第二次创业，一边要孩子，问她有什么好的建议。她的建议简单明了：

“别同时做这两件事！”

嗯，很鼓舞人心的建议。

我觉得应该有更好的答案、更可行的方法，可以让我一边经营公司，一边照料孩子。那么多给我打电话、发邮件咨询的人，他们都想经济更独立，自己做老板。假如他们能一边做自己的老板，一边照顾家人呢？假如我能找到一种方法让创业大众化，让人们既不用承担初创公司的巨大成本、风险和时间投入，又能做生意成功的老板呢？我能让大家既不用吃太多苦，又能体验创业的快乐吗？这种更可行的创业方式能帮助女性取得更大限度的经济独立吗？能改善她们家人的生活吗？

一个想法在慢慢成形，它非常个性化。我的妈妈就因为经济不独立，所以一辈子都觉得在生活中处处受限。妈妈高中毕业时，怀上了我哥哥，此时她进入第一段婚姻，并且经济拮据。妈妈的例子深深影响了我，让我从小到大都坚持追求经济独立。

从 15 岁起，我就开始打工，自己攒钱自己花，还拿出积蓄的一部分做理财投资。上社区大学时，我又做起了股票交易，这让我的学费基金越来越多。

在我看来，赚钱和攒钱的意义不在于买得起我想买的东西，而在于我能创造出人生更大的选择权。我从小就明白了，金钱决定了你是否能够自由选择，对于女性更是如此。

你面对的有时是很重大的选择，比如决定自己是否上大学；你面对的有时是不太重要的选择，比如决定给自己买些小礼物。

我和查德结婚以后，他在商学院读书，我在经营婚礼频道网，赚钱养家。一天早上，我俩都在卫生间洗漱，我随口说了一句："我们需要新毛巾了。"他看看挂在架子上已经磨边的沙滩巾，心想：这些毛巾还能用啊，挺吸水的，为什么要买新毛巾啊？（查德是个经济适用型男人，他还反对使用装饰性的枕头。）他回答："不用啊，这些毛巾还挺好的，我们不需要新毛巾。"

我答道："噢，我没在问你，只是顺便告诉你一声，新毛巾很快会挂在这里。家里是我在赚钱买面包，我会自己决定要不要买新毛巾。"

一块毛巾可买可不买，但我绝不征求任何人的购买许可，即使那个人是我丈夫。

经济独立是自由选择的前提，但你的选择不应仅仅基于金钱，金钱应该是你过上激情人生的手段。

我的姐姐朱莉曾是一名警察，她怀上第一个宝宝后，便决定暂时不工作，待在家里照顾孩子。她从不是物质至上的人，她和她的丈夫（也是一名警察）都不介意过节俭的日子。于是，她休了一年假，全家开销都靠她丈夫一人的工资外加家庭积蓄，但她知道这并不是长久之计。

她明白，休完这一年假，她必须找到一个每月能赚 1 000 美元的工作，才能继续舒服地住在这栋优质的学区房里。所以，她有一年的时间寻找赚钱的方法。

当朱莉为宝宝制作出生公告时，她发现市面上的出生公告都无法添加彩色照片，这是一个她可以填补的市场空白，而且这项工作不影响她照看孩子！她卖掉了水上摩托艇，用这笔钱买了一台彩色激光打印机，又买了一本制作网页的书，自己设计了一个网页。第二天早晨，她的丈夫和宝宝还没起床，她就起来工作了；晚上，丈夫和宝宝已经睡下，她还在挑灯夜战。

就在我漂亮的小外甥女劳伦出生的当月，贝拉宝贝公告网也诞生了。

想待在家里照顾孩子的强烈渴望驱动着朱莉事业上的成功。她用贝拉宝贝网早期赚到的收入拓展业务；两年后，当她怀上第二个宝宝，网站收入已经远远超过她当警察时的工资，于是，她辞去了警察的工作。她把收入目标设定为每月赚够付账单的钱，并且不做第二份工作，这就是朱莉心目中最大的成功。

回首过去，姐姐朱莉的坚毅和成功点燃了我对女性独立创业的兴趣。我常想，假如我的妈妈也能这样做，她的选择自由会增加吗？

但朱莉不是一般人，她很能吃苦。想灵活赚钱、待在家里陪孩子的女性很多，但创业所需的时间投入、资金投入会吓退大多数人。

相比之下，双收入家庭更具灵活性和可能性。很多创业者都想为家庭财务做贡献，以减轻配偶的经济压力。通常，他们的计划就是放弃一份不喜欢的工作，转而谋求一份风险大，或收入少但自己喜欢的工作。

对于另一些人，灵活收入、季节性收入和一份副业的收入在生活中发挥着至关重要的作用。他们想用这些钱还清贷款，半工半读，支付意外开销（如不孕不育症的治疗），买一辆新车和攒钱去旅行。

有时候，自己赚钱的意义不在于钱本身，而在于独立赚取收入带给你的自豪感。我认识一位女性，她很喜欢待在家里照料3个孩子，她让丈夫赚钱养家，掌管财务大权。每周周一上班前，丈夫都会放几张百元钞票在餐桌上，给她和孩子零花用。

后来，她成了Stella & Dot的创业者，每月赚好几千美元。某个周日，她搞促销活动赚了750美元。第二天早上，她的丈夫正要掏钱包给她零花钱时，她伸出手做了一个“停”的手势，然后掏出一叠厚厚的百元钞票，说：“不用了，谢谢老公，我有钱，需要给你点儿零花钱吗？”丈夫惊讶地看着她把几张百元钞票塞进自己的口袋里，又给了自己一个大大的吻，然后目送她走出了厨房。这简直太帅了！

在经营婚礼频道网时，有一天我意识到我必须制订退出方案了——不仅是因为我已经不适合再过高强度的加班生活，更重要的是，我当时已对工作失去激情。我真那么关心婚礼吗？当然，我关心我的婚礼，但除此以外，这个行业真的与我的天职相关吗？它能让我对整个世界都产生影响力吗？

帮助女性创造人生的更大选择权（不论大的选择还是小的选择），这是我个人酷爱的事业，对此我有永不泯灭的激情。有人问我，什么是我的Stella & Dot退出方案，我说：“氧气罐和担架。”

此时此刻，你正在做的、正在追逐的工作，是你深深热爱并且愿意干到退休的工作吗？如果不是，那么你又在等什么？

创办 Stella & Dot 时，我没有行业经验，不仅全职上班，还怀有身孕，所以，创业时机远不是最完美的。但我有发自内心的激情，因此所有的劣势都变得不再重要。内心的真正激情会让你的非凡之路更有价值。

激情创造激情

讽刺的是，给我灵感的姐姐朱莉没有想成为一名 Stella & Dot 创业者的欲望，时尚不是她的菜。事实上，与她相似的女性有很多，她们对时尚毫无兴趣，但仍渴望灵活收入和财务自由。为了具有真正的、广泛的影响力，我意识到公司必须拓宽产品种类，继而服务于有不同兴趣和热情的人。我们需要创建一个品牌家族。

我们的首个拓展目标是“Keep Collective”品牌，一个具有特殊珍藏意义的饰品线。其实，我们一直都想主推珍藏概念，主推那种“意义大于时尚”的珠宝，让代表爱人的饰品守护在大家身边。我们把“Keep Collective”定位为一个中端品牌，价位亲民，以吸引不同收入水平的消费者。

作为一支行业领先的团队，我们意识到，护肤美容产品线将是一个巨大的机会，它可以吸引很多对饰品不感兴趣、想经营其他产品的创业者。这次拓展需要我们寻找新的合作伙伴，他们应该认同我们“为女性创造灵活收入”的使命，同时带来他们对护肤美容产品的独有的热爱和激情。第一步，我邀请该行业资深人士莱丝莉·布罗杰特加入董事会。莱丝莉曾创办价值5亿美元的护肤品公司，她帮助我们建立了一支世界一流的团队——我们的团队成员不仅专业技能过硬，而且深深热爱护肤美容产品。

这支团队里有产品主管克丽丝廷·鲍威尔，她20多岁时罹患皮肤癌，不幸的遭遇给她敲响了警钟，让她看到了护肤美容产品中化学物质的无管制添加和不断升高的癌症发病率二者之间的关联。苦于买不到健康的产品，她便与其他人合伙在自家厨房里创立了有机护肤品系列“果漾美人”（Juice Beauty）。她深知，如果天然护肤产品不能实现护肤效果，那么所有女性还会继续寻觅能实现效果的产品，即使这些产品的成分有问题。于是，她和药妆品牌裴礼康（Pericone MD）合作，试图开发一款既健康又真实有效的产品。

克丽丝廷加盟后，她率领充满激情的“永恒护肤”（EVER Labs）科研团队，经过年复一年的研发以及上千万美元的资金投入，终于取得了惊人的实验结果。如果没有贯穿始终的团队激情，这是不可能做到的。

不放过身边每一次机会

如果你时刻留意，就能在最不可思议的时间和地点发现你的激情所在。大学毕业后，我的第一家雇主是“三部曲”软件开发集团，它位于得克萨斯州奥斯汀市，是一家有40名员工的初创公司。就是在这里，激发了我创立属于自己的首家公司的灵感——在线结婚礼物登记簿，后来成了 Della & James，再后来成了婚礼频道网。

三部曲的公司文化是紧张刺激的，团队里的 40 个成员个个才华横溢。很多三部曲的早期员工后来也成功创立了自己的公司。因此，我周围都是一群立志创办公司、在技能上与我互补的能人，这为我提供了绝佳的创意土壤。

我的很多大学闺密不理解我为什么会选择在得克萨斯州奥斯汀市创业，而不是更有趣的纽约、旧金山；也不理解我为什么会喜欢从事软件开发的工作，而不是其他更有趣的工作。事实上，对于我，软件开发就是一项很有趣的工作。大学期间，在周末的闺密聚会上，我经常手捧一本《计算机分销商新闻》（而非《人物》杂志）读得津津有味，她们都看傻了。所以，现在你知道了：我虽然从事时尚业，但其实我是一个极客，一个学会了如何在公众场合表现得举止正常的极客。

还在三部曲公司的时候，我就一直在酝酿创办新公司的创意，想抓住突飞猛进的在线消费的良机。毕竟，不论从哪方面来看，此时都是初创公司的黄金年代——美国在线（AOL）拨号业务正在兴起，亚马逊即将在西雅图一间车库里诞生。我越是追问自己机会在哪里，就越是对电子商务与其内容着迷。

在高速宽带出现之前，人们会首先在网上购买什么？哪一种糟糕的消费体验可以被网络改造得更简单、更快捷、更好？

我在健身房的跑步机上，边跑边思考这两个问题。突然，我的大脑闪过了一个在线结婚礼物登记簿的创意——新娘和新郎可以继续在商店里挑选结婚礼物，但宾客们可以跳过逛商场的环节，直接从在线结婚礼物登记簿上购买礼物。就像三部曲公司在网上汇集了电脑零部件信息一样，我也可以创办一家公司，在网上汇集结婚礼物的价格和存货信息，让购物流程更简单、更快捷。

就是它！我太兴奋了。我立刻跳下跑步机，奔跑回家，奋笔疾书，写出了商业计划书的第一章内容。尽管我两年以后才真的创办了公司，但早在那一天我就意识到，如果你有一个充满好奇、思维发散的大脑，那么最好的创意就会在最出人意料的时间和地点出现。

我的大脑产生了 Stella & Dot 的创意，是在 2001 年，当时我还在婚礼频道网工作。

有一次，我出差去达拉斯会见我们的客户——内曼·马库斯百货公司。结束了一天的会议，我回到下榻酒店的充满历史感的大厅，感觉到一股时尚气息扑面而来，且充满了能量，这股能量好像要把这栋百年老楼托举起来，发射到月球。我走进一部陈旧、局促的电梯，撞见一群浓妆女人，她们都穿着一身粉色套装。原来她们是玫琳凯的销售精英，刚被授予了腰带、头冠和钻石戒指。在斯坦福大学商学院读书时，我读过一篇关于玫琳凯的案例研究的文章，非常佩服这个 45 岁的丧偶女士玫琳凯·艾施，她于 1963 年勇敢地创办了自己的公司。

在那一瞬间，就在那部电梯里，我感觉到这家公司存在的意义不只是它为女性生产化妆品，更重要的是它为这些女性踏入职场大门提供了机会。这些女性身上散发出的快乐令我惊叹，显然，她们沉浸在事业成功的喜悦中。除了获得了他人的认可，玫琳凯提供的工作还帮她们还了房贷、支付了子女的学费，同时也帮助她们提升了自信心，创造出无穷的快乐。

邂逅了这群快乐的“精灵”，我才意识到自己多么想加入“快乐”行业之中。但我很矛盾，一方面，我叹服于玫琳凯对这些女性的巨大影响力；另一方面，我觉得直销属于我的祖母那辈人做的事，不属于我，因为它的整个商业模式让我觉得很过时，在 20 多岁的我看来，无论它的品牌还是销售方式都与我完全脱节。

现代女性对开网店、时装店更感兴趣，上一代人的特百惠生意已经不能吸引她们了。然而，假如你从决定卖什么产品，到采购或制造该产品，再到发货，提供客服咨询，全都独自操办的话，最后你很可能会赔钱，或者耗时耗力却盈利很少。

电梯里的邂逅给我留下了持久的印象，引发了我脑海里一连串的追问。我又想起了录制完《奥普拉脱口秀》后，有很多女性来电向我寻求建议。这种老旧的在家做生意的模式，能否被改变，以解决现代女性工作与生活无法平衡的难题？它创造的灵活收入能否不再使做妈妈和做事业成为二选一的难题，而是可以二者兼得？

我一边继续从事软件开发的工作，一边着手研究直销行业，思考怎样才能实现我的新梦想。能否用一种新方法，将高科技与高感性结合起来？这样我就可以重塑过时的商业模式，使它变得超级摩登且超级赚钱。

这是我的天职吗？我能把它做成一个传教大于谋利、社群大于资本，并且为职场女性提供下一个良机的大生意吗？

我的两个创业想法都是在公司实际创立的前几年就萌发了。我一边在脑海里酝酿这些创意，一边不断研究、修正它们，我默默祈祷时机的成熟。我很清楚，虽然我很想立刻改造它、重塑它，但时机还未到。于是，我跳槽到戴尔电脑公司工作。我知道，等我准备好了，我就会第二次创业，让直销模式现代化。我利用晚上和周末的时间，思考我首先应该推出什么产品。否定了好几个馊主意后，我终于想出了一个绝妙的主意。可见，在追寻内心激情的路上，你不得不亲吻很多只青蛙，这是为了最终吻到你的白马王子。

我研究过家庭游戏、手工制作，最终瞄准了饰品。饰品是一个巨大的市场，其利润空间大，可以保证获得可观的佣金。饰品不像衣服，不存在穿着是否合身的问题，每件饰品都能找到喜欢它的主人，而且饰品容易运输和储存，女性之间可以很自然地分享、交流。我见过成功的饰品直销公司，但还没见过运用电子商务的、品牌和风格都很时尚的饰品直销公司。

2003 年，我用 3 个月时间策划举办了 13 场品牌独家秀，以测试并验证我的想法。2004 年，我自筹资金成立了“Luxe Jewels”(奢华珠宝)。2005 年，种子资金融资成功。2007 年，公司销售额突破 100 万美元。从第一场品牌独家秀到销售额突破 100 万美元的这段时间，我生下两个漂亮的女儿。2007 年 10 月，布莱斯·亨伍德·哈里斯加盟，成为我们的首席创意官。这一年，为纪念我的祖母，公司更名为“Stella & Dot”。

布莱斯加入前，我们公司还只是一个普通的企业。布莱斯加入后，我们对销售模式进行了创新，加上她出众的设计才华和远见，这一切让公司走向非凡。这位杰出的销售领袖让公司的销售额从400万美元跃升为3 300万美元，之后又达到1亿美元，并持续增长，我们公司也登上了《企业》杂志“成长最快的500家公司”榜单。最重要的是，截至成稿日，我们公司已向旗下3个品牌的创业者支付了3亿美元佣金，他们正在用自己的方式灵活支配收入。

一些胆大妄为的决定和一些因缘际会的邂逅改变了我的人生轨迹，但我绝不认为追寻你的内心激情只能靠运气。如果你充满渴望，睁大眼睛，不放过身边的每一次机会，那么你最终会和你的激情迎面撞上，从此开启非凡之路。

问一问未来的自己

给我们的创业者做培训时，我经常以这样一个问题开场：你们想拥有一份有战略、有长远未来的事业吗？如果他们说“想”，那么我会说：“你们必须想得长远，有战略思维，要把你们的事业定义为一个更大的事情，大于任何一次销售事件或销售季，大于任何一个团队成员的表现。”

生活也是同理。在日复一日的生活中，我们倾向于关注眼前，变得目光短浅。比如，什么工作薪水最高？我的职位是什么？我的项目建议书获得好评了吗？

我们的思维被生活的细枝末节所占据。比如，早饭吃什么？我赶得上早上6点的动感单车课吗？家里谁负责喂狗？几点接孩子放学？除了我，没人能把碟子放进洗碗机吗？诸如此类。

就这样，我们把一天的大好时光都浪费在回答这些鸡毛蒜皮的恼人问题上。很快，一天、一周，甚至一年过去了，时光就这样流逝。这就是你的人生。所以，你千万不要把时间浪费在一堆小问题上，一定要向自己提出更大的问题，因为正是这些大问题的答案将引领你创造更辉煌的人生。

后面，我会讲到时间掌控方法以及高效为何对于实现目标至关重要的问题。而现在，你的思绪可以飞到遥远的未来。这项神奇的练习是我和我的高管团队在犹他州鹿谷个人成长营中学到的。

没错，就在此刻，就在此地，我们要一起做一项迷你的想象练习。请在接下来的几分钟里，尽情发挥你的想象力。也许在这个过程中，你的想象不时被纷乱的思绪所打扰，不过没关系，这很正常，重新把你的想象拉回到练习中就好，放松的状态更有利于你发掘内心更真实的洞见。我们要问一问未来的你，什么是你真正的激情所在？什么对你最重要？这样做有点儿矫情吗？没办法，谁让我在加利福尼亚州北部待了20年呢？请展开你的想象力，这只需几分钟。

想象在一个美好灿烂的日子，你向一条河走去。你来到河岸，登上一艘船。想想看，这艘船长什么样？专注于这艘船的细节，不要在意其他杂乱的思绪。

这艘船开始向下游行驶，沿途你看见了你目前的生活，你常去的地方、你的工作、你的房子、你在乎的一切，还有你的目标。

渐渐地，你意识到这是一条时间之河。你已经驶过了一年，这一年里你最快乐的事情是什么？职务晋升吗？拥有新恋情吗？接下来你驶过未来 5 年，到那时，你的关注点何在？你想看到什么？你的房贷还清了吗？你结婚了吗？你找到自己的信仰了吗？你的身体更健康了吗？你还记得你当年的职位、工资或晋升吗？

接下来你驶过未来 10 年、15 年、20 年，到那时，什么对你来说最重要？很快，30 年、50 年、70 年过去了，这艘船终于停靠码头。

你下了船，沿着码头走，来到一栋漂亮的房子前。想想看，你身处城市还是乡村？周围是喧嚣的还是宁静的？门敞开着，你走进房子里。也许这是一栋身处霓虹闹市的住宅楼，也许这是一间乡下的小木屋、小平房，你甚至能闻到青草和树木的味道。你来到了一个非常个性化的地方，一个专门为你打造的地方。

房子里面，有个人在向你打招呼，你认出了她的眼睛，她就是你，年老、智慧的你。你坐在未来的你对面，这时你想问她什么问题？

什么对你最重要？

如果你能回到过去，你会做出哪些人生选择？

你想让现在的我知道哪些人生真理？

现在的我应该用什么衡量成功？用存款上的数字吗？用职位、头衔吗？

还是用拥抱、亲吻、欢笑？抑或是用友谊、你所在的团队？

我的影响力将是什么？我最伟大的成就会是什么？

在你的想象中，未来的你会怎样作答？

每当琐碎的现实令我心烦意乱时，我就会问未来的自己："你在乎这些事吗？"事实上，未来的我在乎的事情很少：家庭、爱、友谊和影响力。既然未来的我并不担心某个短期状况，那么现在的我为什么要担心？当未来的我带着满满的爱回顾往昔时，这些琐碎的烦恼就会全都不见了。

当你烦恼受挫时，想象一下未来的你会怎么做，问一问未来的你，什么最重要。

做不得不做的事

大学期间当我做服务生赚钱自立时，你不会听到我说："啊，我太爱这些顾客和食物了，这就是我做服务生的原因。我热爱我的工作，做这个工作我可不是为了钱，你看，这是我赚的全部小费，我一分也不要，全退回去！"大错特错。我并不喜欢做服务生，我只是不得不赚钱自立。我知道，毕业以后我会明确自己真正热爱的工作目标并且去努力实现它，但我也知道这一路上我会经历一些苦难，做一些不那么光彩夺目的工作。对于我，做服务生只是一种赚取学费的手段——当时我刚上大学，还没有其他技能，所以需要一份兼职的工作。

大学毕业后，我的第一份工作也不是我喜欢的，但它帮我还清了巨额学生贷款，让我实现了财务自由，从而能够寻找并专注于内心真正的激情所在。

我们都做过或正在做一种工作，它不能让你兴奋，但无疑是你到达下一个阶段的必要环节。离开婚礼频道网后，我做的那份工作也属于不得不做的事，这不是年轻人的专利，任何一个想改变人生的人都要经历这个环节。

你永远不要认为自己不用经历任何困苦便可拥有成功。非凡之路不仅需要你用自信、坚毅、决心去追逐你的酷爱，而且需要你在做任何事时都怀着勇气、热情、感恩和幽默！当你用积极、感恩的心态面对一项任务时，你会收获更多，而抱怨只会抽干你的能量。

别不乐意端盘子、擦玻璃、在超市做收银员，别不乐意做白领世界的杂役活儿，你只管去做，它们是你抵达下一个阶段的必要环节。通过做不得不做的事，你提升了自身价值，学到很多知识。待时机成熟，你便可以大展宏图，先前的一切经验、学习，加上你的好奇心、积极的心态，将使你更有洞见，发现更多藏在身边的机会，找到你真正的激情所在。

学会放弃

为了得到最重要的东西，你必须放弃很多不重要的东西。那么，你应该从你越来越长的“想要”清单里划去哪一项？你如何分辨小目标和大目标，从而决定哪个目标是值得你追逐的？哪个目标是次要的？哪个目标能真正激励你不知疲倦地工作，心甘情愿地舍弃其他目标？比如，我很想学一门新的语言，我想学吉他、钢琴，我想学网球，但它们是我的酷爱吗？我会心甘情愿为它们舍弃其他爱好吗？我应该把它们列在清单首位吗？答案是否定的。非凡之路需要你从清单里划去“非酷爱”的选项。你不是超人，你无法在所有时间做完所有的事情，你无法满足所有人的所有要求。你能做任何事情，但不是全部事情。

你无法在所有时间做完所有的事情，你无法满足所有人的所有要求。

别做白日梦

不要混淆酷爱和幻想。追逐你内心的激情并不排除去做让你感到厌恶的事情、不擅长的事情、害怕的事情和枯燥的事情，因为你生活在真实世界而非独角兽农场。你不妨这样想，假如有人决定把你的非凡人生拍成一部电影，那么这部电影最吸引人的情节是什么呢？是抗争，没有抗争就没有胜利。遇到挑战绝对不要退缩，否则，你会失去战胜挑战的荣耀。无论这些挑战是什么，正视它，不要抱怨，这样你会更快克服它。

做艰难的事，做不得不做的事，这是成就非凡的必经之路。接纳这个事实吧，非凡之路总免不了做擦玻璃这种杂役活儿。很好啊！这下你能看得更清楚了。

非凡的酷爱

• 找到激情所在是一个过程，你应该保持开放的心态，锲而不舍地追逐酷爱。

• 敢于做一只孤鹰，不要总是为你的选择寻求外部认可。

• 把一些兴趣爱好从清单里划去，很多兴趣不一定要去追求，如果你只是感兴趣而非酷爱，就不值得为它花时间。

• 牢骚满腹不会帮你找到激情所在，只会让你不快乐。你应该把时间和精力用在真正重要的事情上。经常浇水的地方生长的草的颜色更绿。

第4章　制订计划，放手去做，无怨无悔

> 终有一日，紧紧包在花蕾中的风险会大于让它绽放的风险。
>
> ——阿娜依斯·宁

在你认识的人里，谁拥有非凡的人生？你羡慕这种人生吗？他们的经历是怎样的？他们做了什么计划？这条路只有他们才能走吗？其他人用别的方法走不通吗？显然不是。不论你觉得自己有多少缺点，不论你的处境多么糟糕，总有一条路是你的成功之路。你从哪里上路并不重要，过去发生了什么也不重要，重要的是你要记住，今天是你余生的第一天。

你的人生由一系列选择和一些偶然事件所塑造。我一直很喜欢机缘巧合这个概念，好事纯因好运而发生。

好运气虽好，但你不能把它当作人生策略，你不能靠它成就你的非凡之路。你需要一个计划，你需要认识到这是一条曲折蜿蜒的路，途中必定有死胡同、急转弯和很多路障。你没有地图，你要做的是一边走一边寻找正确的路。你会遇到岔路口，你必须决定是左转还是右转。没关系，只要你内心强大，心存希望，保持耐心，这条路在你眼中就不是艰难的、令人困惑的，而是充满了机缘巧合、

兴奋与惊喜的路。相信自己，你就能一直走下去，直到找到你的非凡所在。

让我告诉你一件我遇到的机缘巧合的事吧。

大学毕业时，我背着沉重的学生贷款，来到人生的岔路口——我应该选哪份工作呢？一份工作在纽约一家投资银行，薪水丰厚，是一个为期两年的热门项目，它能成为我今后申请商学院的强大履历。另一份工作在得克萨斯州奥斯汀市一家软件初创公司，其成员是一群特立独行的年轻人，我的岗位和这家公司一样是不确定的、灵活变化的。在他们得知我星期一必须给投资银行最后答复后，他们邀请我到犹他州机场与他们的首席执行官会面，因为这位首席执行官当时正在犹他州滑雪。

出租车司机都看出了我脸上的惊慌失措，还好我们没在打扑克。他看着后视镜里的我说："姑娘，你的小脑瓜在担心什么呢？"我解释了我的两难选择，他回答道："这很简单啊，你想想哪份工作的优点更吸引你？并且为了这个优点，你愿意承担最坏情形发生的风险吗？"

投资银行金融分析师的职业前景非常明确——经历了辛苦磨人的两年，便可以直升一流商学院镀金，毕业后薪资丰厚，掌握过硬的金融技能，它的优点是可预测性。初创公司的未来是未知的，它的发展很快，我可以跟它一同成长。我的岗位是不确定的，这意味着我可以担负更多责任。它的优点是不明确的，也就是说限制更少、潜力更大，选择它的最坏情形是我被解雇或我主动辞职。我有文凭在手，到时候再找一份安稳工作就行了。

出租车司机是对的，这么分析下来，显然我该选择初创公司，一个我从没后悔过的选择。

当时我可以这么选择，是因为我无牵无挂，21 岁的我没有丈夫、孩子、房贷，没有任何羁绊。当你来到人生的岔路口，你的选择会受到你所处的人生阶段的影响，但判断方法仍是不变的：选择其优点最吸引你的那条路；为了这个优点，你愿意承担最坏情形发生的风险。

你变了，你的梦想也会变

对于 20 多岁的我，创办一家电商公司是我的梦想。后来，我成长了，我的梦想也在成长。梦想是一个贯穿一生、不断变化的移动靶。

20 多岁的我，追逐着内心的激情，不断提升着自己的技能，并且还清了学生贷款。我是成功的，但我还想要更多。我记得，我很羡慕那些做医生的好友，他们似乎都选择了自己的天职，选择了一条高尚且有意义的路，他们知道自己的人生使命是什么。我也很羡慕做消防员的哥哥和做警察的姐姐，他们是英雄，每天从事着英勇的工作。我创办公司虽然也不错，但他们是在做善事、伟大的事。临近 30 岁，我越想拥有一项让自己的灵魂为之投入的事业。没错，我在为社会创造就业岗位，我在为忙碌的新娘和赴婚宴的宾客提供更便捷的购物体验，但这就足够了吗？我思索着。一个关键词不断浮现在我脑海——影响力。我的影响力是什么？

我听过这样一种说法，人的一生可以划分为三个阶段：学习，赚钱和回馈社会。但我并不想把我的人生分割成三段，我永远不想停止学习，我想边赚钱边回馈社会。

但是，我准备好改变了吗？我准备好跟我的公司说“再见”了吗？当婚礼频道网并购完毕，一种结束感在我心中油然而生。我最初的创意就是想做一个集成版的在线结婚礼物登记簿，现在这个创意实现了，我们有一流的电商网站，公司蒸蒸日上。创业的4年感觉就像40年，几乎每周我都在旧金山和洛杉矶之间飞来飞去。28岁的我结婚不到一年，我丈夫查德刚从商学院毕业，他收到一份梦想中的工作录用函，巧的是这份工作也在得克萨斯州奥斯汀市——我们相遇的地方。我该怎么做？在硅谷第二次创业吗？我和查德面临一个转折点。

在今天的我看来，28岁似乎还很年轻，但在当时，我觉得自己的年龄已经很大了。记得一天夜里，我在书桌前处理邮件，看到一封邮件里有一张表，展示女性生育力随年龄增长迅速下降。我把这张表转发给查德，邮件主题是“我的卵子在腐烂”。

我真的希望他拒绝那份工作，陪我留在旧金山吗？我对婚礼频道网的爱已经逐渐熄灭了啊！再说我们还计划在生孩子之前先旅行几次呢。结果我们怎么做的？他毕业，我辞职，然后我们花了三个月时间周游世界。我们在埃及红海潜水，那种潜水体验能让你记一辈子。我们在泰国报了烹饪班，烹饪学校的口号是“我们的食物绝对会让你吃成孕妇的体型”。我们在非洲狩猎，在克罗地亚航海。旅行中，我们聊到了梦想，聊到什么对我们最重要。事实证明，一起旅行是我们做过的最棒的决定。因为我终于顿悟：生孩子是我目前最渴望的事情，甚至大于我对第二次创业的渴望。

旅行结束，当飞机在得克萨斯州降落时，我知道我不会立即创办一家新公司。婚礼频道网的一位前董事会成员送给我一句箴言："如果你想创办、经营一家大公司，你就应该先去一家大公司工作，获得一些经验。"在这之前，我只在科技初创公司工作过。既然我们要搬到奥斯汀市，这意味着我要去戴尔电脑公司工作了。

我认为这句话很有道理，那就去戴尔学学经验吧。从硅谷初创公司的前合伙人，到戴尔电脑公司员工，这个转变很令人意外吧？

面试时，面试官问我："为什么你这样的互联网风云人物会想来戴尔工作？"这问题听着有点儿刺耳，言外之意是，我来戴尔是一个大倒退。但我不这么认为。第一，我知道这可能是我接受真实人生教育的重要一章；第二，当时我更关心生孩子，事业要让位于家庭；第三，我真的不在乎问这个问题的人怎么想。

之后，戴尔成了我的商学院，教我管理更大的团队，而这些经验是初创公司给不了我的。

我一边做着戴尔的工作，一边打磨我的商业计划书。30 岁生日刚过，我怀孕了，这加剧了我对第二次创业的渴望——我可不想做一个没有灵活时间、还得上下班打卡的妈妈。

一位同事的办公隔间贴着一张纸，上面印着塞西尔·比顿说过的一句话：

你要敢于冒险，要与众不同，要不切实际，做一切与四平八稳、墨守成规、碌碌无为者相左的事，捍卫你神圣的目标和愿景。

每天经过她的办公桌，看到这句话，我都会从中获得激励和灵感。

我开始规划如何一劳永逸地摆脱朝九晚五的工作，于是我着手探索可以在家办公的直销行业。之后，我买了一张去佛罗里达州博卡拉顿的便宜机票，准备参加直销协会的年度大会。

签到后，我领了参会证，便立刻翻开参会人员名单，寻找我想求教的人。我虚心地做一名学生，在每一次小组讨论中举手提问，问一切我不懂的问题，包括利润率、创业成本、成功秘诀和经验教训。

听起来很棒吧？非也，这一切简直太痛苦了。我的孕吐反应很严重，几乎一整天都感到恶心，时不时就得跑洗手间。作为一个外行，我只身来到内行云集的世界，常常感到无法适应。更糟糕的是，一个大早上就喝得醉醺醺的老烟鬼竟然来骚扰我，我的回应是："先生，你没看见我是孕妇吗？"

我打电话给丈夫，恼怒地说："我为什么来这里？我是不是脑子进水了？"就在我决定要提前回家的时候，一些讨论直销对象的声音忽然传进我耳朵，让我觉得他们根本不了解现代女性到底想要什么，毕竟我就是一个现代女性！不仅是我这次听到的内容，这几天以来的所见所闻都让我坚信直销行业必须变革。于是，我决定留下来——如果不尽可能多去了解，那么我又怎么改变它呢？

我知道，在家办公的直销行业亟须一场变革，但我真的想攀登这座山吗？为什么不借助我已有的知识经验，创办一家软件公司或电商公司？但是，如果失败了呢？如果这座山翻不过去呢？虽然我竭力说服自己别去挑战这项高难度的任务，但我仍然无法忽视一个更乐观的疑问句：万一我成功了呢？

我想有更大的影响力，帮助女性创造更大的财务自由和人生选择权。也许选择这条新路很疯狂，但我认准了这正是我想做的事情。

回到家，我给自己设定了最后期限。我要挑选一个产品并测试它，用测试结果来帮助我做“走还是不走”的决定。这个想法已经酝酿了太久，我知道，如果我继续权衡比较哪个产品更受欢迎、利润更大、差异度更大，那么我将永远无法迈出下一步。我必须先选定一个产品，再去完善它。

我的目光逐渐聚焦在饰品生意上——饰品利润高、易运送。于是，我在社区大学报了一个晚间课，学习如何制作珠宝首饰。第一节课学下来，我兴奋极了，就是它！

一个月后，我说服查德取消了我们的墨西哥度假计划，而是一同去亚利桑那州图森市参加珠宝首饰展。能逛一逛由假日酒店的房间改装成的珠宝首饰店，为什么要去沙滩喝玛格丽特酒呢？这次经历很新奇、很有趣，它是一次全新的探险。直到现在，我还保存着我带去会展的活页夹，里面装满我的设计灵感和珠宝清单。

走饰品直销这条路似乎很疯狂，但不去追逐梦想、继续留在戴尔、留在得克萨斯州似乎更加疯狂。

对于每一个不走寻常路的理由，我很快就能找到更多为何不得不放弃走寻常路的理由。女儿夏洛特出生后，我很快回到工作岗位，首席营销官要求我每天早上 7 点召开晨会。为了准时上班，我不得不把喂奶时间变成挤奶时间。抱歉，这不是我想要的，我再也无法开心地让别人主宰我的日程表了。我想工作，但必须由我自己决定什么时候工作。

再加上有了女儿，我和查德真的想回到西海岸，离家人近一些。于是，女儿夏洛特满 6 个月时，我辞职了，并且我说服丈夫也辞职了，我们举家搬回加利福尼亚州。现在是时候回家了。

起步不必完美，但要不断完善

很多人担心自己不具备走某一条路的资格，很多人担心自己的处境和知识储备不足以迈出下一步。但实际上，正是勇敢迈出的一步给了你继续走下一步的资格。开拓者走着走着，就在别人以为没有路的地方走出了一条路。哥伦布远航本想去东方世界，却发现了一个新大陆。

如果你了解一下 Stella & Dot、守护饰品和永恒护肤的团队成员的背景，你就会发现他们的起点都非常不同。

他们专业背景迥异，其中有工商管理硕士、博士及医学博士，也有人并未受过高等教育。他们曾经是独轮车教练、踢踏舞者、室内设计师、时尚博主、艺术家、护士、军人、军嫂、教师、牙医、律师、政治顾问、财务副总裁、警方接线员、假释官、达拉斯牛仔队啦啦队员、朋克女子乐队成员和电台体育节目主持人等。有很多人从事过很多职业，他们在不断重塑自我。

这些人来自不同的地方——菲律宾、沙特阿拉伯、瑞士、英国、加拿大、美国各州，有的人至今从没见过大海。

他们拥有不同的兴趣和成就，其中有门萨会员，有返校节女王，有美国妙龄小姐，有跑过波士顿马拉松的人，有上过真人秀的人，有玩过高空跳伞的人，有在加拿大玩过狗拉雪橇的人，有在佛罗里达州玩过降落伞滑翔的人，有攀登过珠穆朗玛峰的人，有爱看《星球大战》的人，有爱听交响乐的人，还有爱玩得克萨斯州扑克的人。

虽然他们个性迥异，但他们有一个共同点，那就是都想为自己和所爱的人创造非凡的人生。他们很开心成为我们团队中的一员，他们活得勇敢、活得快乐，并且能相互激励支持。

他们通过 Stella & Dot 品牌家族获得的成功和职业背景有关吗？没有。他们的成功和家世门第有关吗？没有。他们的成功和出生地有关吗？没有。他们的成功和年龄有关吗？没有。他们的成功和家庭收入有关吗？没有。他们的成功和婚姻状况有关吗？没有。他们的成功和子女数量有关吗？没有。

那么，这些成功人士有什么共同点呢？答案一清二楚：他们都愿意学习、态度积极、行动力强以及应变力强。

成功者不问出处。不是背景、性格、兴趣决定你能否成功；不是从哪里上路决定你能否成功，而是上路以后如何走，决定了你能否成功。成功不是一项天赋特权，而是态度和行动的结果。

看见你崇拜、羡慕的人，别认为你起点太低，永远到不了他们到达的地方；别认为通往非凡的路都有一个时间轴，成功有快有慢；别认为你的过去会限制你的未来，过去的经历只会让你更强大。

谁最初都是一个新手

每个人在一开始都是新手，这是显而易见的。但成为新手的日子很可怕，尤其当你听到“练习 10 000 小时才能成为某一任务的专家”这种理论时。我不知道你怎么想的，反正我没那么多 10 000 小时。

在商界，我见过太多人放弃某个目标，他们认为自己既然永远成不了专家，那为何还要开始？我可以负责任地说，我见过的成功者都深信自己能够成功，他们才不担心自己一开始是否缺乏技能呢。刚上路的时候，你别担心自己水平不够，因为大多数人都一样。没事的，你会慢慢进步的。没有开始就没有进步。

不是从哪里上路决定你能否成功，而是上路以后如何走，决定了你能否成功。

下面这个故事的女主人公，她的非凡之路的起点也很低。她年少时嫁给了高中男友，24 岁已经有了两个孩子，一家人在加拿大安大略省乡下一个奶牛场生活。有一天，她突然趴在厨房洗碗槽边歇斯底里地哭起来，当时她的一个孩子两岁，另一个孩子只有五个月大。她太不满意自己的人生了，她发誓要改头换面。

几天之后，她收到一张某蜡烛公司的产品目录，这家公司打算雇人在家庭聚会上推销它们的产品。她成功申请到了这份工作，之后，她在 5 个月中去了 138 个家庭聚会卖蜡烛，她出去赚钱时就让妈妈帮忙看孩子。这 5 个月，她卖了一卡车蜡烛，赚钱赚到手软。她没有成功手册，她也知道自己并不完美。有一次她甚至把顾客家的窗帘点着了！她没有各种专业证书，但她有钢铁般的意志。最重要的是，她拥有强大的动机——她想创造一个更光明、更独立、更宽广的人生，为她自己，也为了孩子。

她就是丹妮尔·瑞德纳，现任 Stella & Dot 全球培训副总裁，她热情、坚毅的品质和深刻、有见地的培训激励了成千上万人追随她的脚步走上非凡之路。趴在洗碗槽边痛哭流涕的那天，只是她的一个起点，开启了她 20 多年的直销业神话。丹妮尔之所以能帮他人渡过难关，是因为她也曾排除万难，她坚信没有她战胜不了的困难，没有她做不成的事。丹妮尔能从奶牛场走出一条非凡之路，那么你也能。

现在永远不晚

我见过很多女性在远离职场若干年后，畏惧回到职场，她们担心自己落伍了，觉得自己年龄太大、职位工资低，这会让她们感到很尴尬；她们害怕自己理解不了最新科技，像只被时代淘汰的“恐龙”。一位重返职场的女性这样说道：“我感觉自己在穿着圈环裙骑马！”

计划换工作或休完产假上班的女性也会有这种感觉，好像自己又重新踏上“贼船”了。没关系，劳动最光荣，你不用感到害怕或尴尬。没错，一开始你会遇到一个学习曲线，赚得比以前少。但你的人生阅历多，你更成熟、更智慧。入门后，你可以努力提升自己的职位。相信我，用不了多久，你就能追上别人。

Stella & Dot 科技组最近招收了一名实习生，她毕业于一流的女子编程学校——黑客布莱特学院。这所学院每年毕业的女性工程师比斯坦福大学和加利福尼亚大学伯克利分校还多，它致力于帮助女性转换职业轨迹。这位实习生曾经是文学硕士，她的工作是教英语，后来随丈夫的工作调动搬到加利福尼亚州。她先找到了一份在科技公司做人力资源的工作，但她很快意识到自己更愿意做编程工作，而不是做招聘工作。于是，她回到学校，开始学习全新的编程专业。她相当于一张白纸，从零学起，所以必须加倍用功。如今的她已经是一名网页工程师，做着自己酷爱的事。

现在永远不晚。

用内心的激情让自己保持真实：你真正感到满足吗？你还需要更多吗？你要敢于问自己这些勇敢的问题，不要害怕得到让你胆战心惊的答案。追逐你不懂的、追逐你酷爱的事情永远都不晚。

随心而为，走自己的路

创办第二家公司以及创办 Stella & Dot 的第二、第三个品牌所需的孤鹰自信心，跟我从商学院退学需要的一样多。那么，我把孤鹰自信心用在哪儿了呢？不是用在我必须迈出舒适圈，学习一门新行业新技能时，不是用在我必须付出很多年的辛勤努力时，也不是用在起步期的一无所知时，而是用在为了追逐我的梦想，我必须放下“别人会怎么看我”的顾虑的时候。

毕竟，当时我做的事情看起来疯狂到不可理喻，有时甚至连我自己也这么觉得。站在人生十字路口的我，可以做连续创业者，在硅谷第二次创业，然而我选择了追随丈夫搬到得克萨斯州，在戴尔电脑公司做一名中层管理人员，并且开始在家里的客厅自己动手设计首饰。这听起来怎么也不像个成功的故事吧？但它对我来说是的，因为在那个阶段，我对成功的定义就是生孩子、经营家庭。我的每一步都是计划好的，这一次我要来个全垒打：我不仅要创办另一家公司，而且要创造有家、有爱的生活。

别人会认为我的选择大错特错吗？我去做其他工作赚钱更多吗？要是计划失败了怎么办？这些担忧我都有过，但我还是做了选择，因为我更担心不追随内心的激情将辜负了自己。

许多人沿着自己偶然选择的一条路一直往下走——也许他们在 20 岁选了一门专业，因为不知道想做什么，所以他们接着去商学院读书，然后就这么走下去。他们从来没有停下来想一想这条路是不是正确的。有的人更倒霉，他们走着别人替他们选择的路。有多少人从事的专业是父母逼他们选择的？生命很短暂，不要盲目地、不假思索地走人生路，否则你将找不到人生的意义。

找到你的动机

多年来，我们的全球培训副总裁丹妮尔·瑞德纳已成为帮助他人规划成功职业道路的大师。通常，她给学员的第一个建议是什么呢？那就是，首先寻找你想成功的动机，而不是担忧你能否成功。她用切身体验告诉大家，如果你想成功的动机大于你的恐惧，你就能做成任何事。

最近，丹妮尔决定，她不仅要告诉大家如何实现胆大妄为的目标，她还要身体力行地进行演示，告诉大家应该怎么做。丹妮尔从小就想学打鼓。小学五年级时，她的音乐老师说只有男生才能打鼓，音乐老师非让她吹圆号。丹妮尔一点儿也不喜欢圆号，尤其不喜欢通气音栓。

40 年过去了，丹妮尔仍然渴望成为一名摇滚鼓手。她不需要技艺超群，她只想演奏完一首曲子。她决定不再犹豫，她给自己不是 10 000 小时而是 90 天的时间去学习打鼓。90 天结束时，她要在拉斯韦加斯“狂欢会”上为 3 000 人登台进行架子鼓独演。

她请了一位老师，练习了 90 天架子鼓，且这期间她从未中断过练习。第一节课，老师问了她三个问题：

- 你知道自己为什么想学打鼓吗？
- 你知道学习打鼓并不容易吗？
- 你准备好努力学习了吗？

这些问题也是我们在 Stella & Dot 常问的问题。问问自己这三个问题，你会更有动力朝着自己认定的方向努力前进。

想清楚自己想成功的动机是实现所有目标的关键因素。然而，若要找到这个动机，你就必须更深入地了解自己。丹妮尔的动机是学会演奏《杰格舞步》，激励一整屋的追求独特风格的人还有自己。并且，她真恨不得让那个骗她说“女生不能打鼓”的坏老师亲眼看看她打鼓。

如果你知道了你的动机，你就能提出正确的问题了。

如果你问我：“你想早上 6 点起床练习一小时打鼓吗？”那么我的回答一定是不想。

而如果你问我：“你想打动别人吗？为了给大家带来有力量、有影响力的培训，你能够积极练习吗？”那么我的回答一定是我愿意。

问正确的问题，得到正确的答案，做出正确的行动。

开始一项新尝试时，你会兴奋、害怕、不适应吗？当然会。新尝试意味着需要重新学习，学习总会伴随着一点儿不适应甚至压力，这就是为什么太多人固守着熟悉的事物不肯改变——在工作中、在爱情中，甚至连去超市都是同一条路线。然而，新的尝试能够让我们挑战自我，继续成长，同时激励他人。

勇往直前，享受过程

“还要多久才到啊？”

路途中我们常常会问这个问题，在通往成功的路上，我们也会问这个问题。这条成功之路到底要花多长时间才能走到终点？要是有路标告诉你“离成功出口还有 2 093 英里”该多好！然而这是不可能的，你不会提前知道自己离成功还有多远，你只能知道自己又前进了多远。所以，我们要庆祝自己的每一次进步，享受行路的过程！

你理想中的成功轨迹是什么样的？把它画在纸上，这条线笔直向上然后向右，对不对？做梦吧。在真实世界里，这条线更像是一个 4 岁孩子的信笔涂鸦作品。根据我的经验，所谓的“一夜成功”通常有 7~10 年的准备期，成功绝没有你想象中那么容易、直接和迅速！

商学院的案例研究和媒体的新闻报道把 Stella & Dot 的业绩增长简单定义为“曲棍球棒效应”，基于此讨论我们如何在短短 3 年内做到销售额从 400 万美元激增为 1 亿美元。这是事实，没错，但从 0 到 400 万美元，我们花了整整 4 年时间。我之前酝酿这个创意以及给自己打气，就花了两年时间，更别提我在婚礼频道网积攒经验的那些年了。直到 2009 年，公司才开始赢利，我才拿到第一笔工资，此时距离第一场品牌独家秀已经整整 6 年！所以，成功绝非在一夜之间。

又有人说，守护饰品是在一夜之间获得成功的——第一年就销售了 4 500 万美元！但他们忽略了一个事实，我们花了 10 年时间才建立起公司运行的基础框架，并积攒了经验和智慧。而且设计和开发这样一个时尚、创新、有珍藏价值、让我们引以为豪的饰品线就花了布莱斯好几年时间。一夜成功？非也。路虽漫长，但它是正确的路。要是想走捷径，我们大概早就迷路了。

如果你相信成功必定到来，你就不会介意路途遥远；遇到挫折时，你也不会惊慌失措，因为你早已知道中途必然会有坎坷。要是你被挫折吓得不敢走了，一屁股坐地上不动了，这才是失败。速度慢一点儿、绕点儿远路，前进一步、后退一步，左转一下、右转一下，休息一会儿，看不清目的地何在——这些情况都不可怕，都很正常。记住，你要做的就是稳步前进，一次迈一步，这样，你最终一定会到达目的地。

某一天，你终于抵达成功的彼岸，得到了奋斗多年的职位，然后呢？你就可以一劳永逸、高枕无忧了吗？不可以！因为成功就像个人卫生，你必须每日维护才能保持清洁。

通往非凡的高速列车

在非凡之路上走不快怎么办？别沮丧，拿出你的好奇心和干劲，看看下面这几个建议能帮到你吗？

- 别总关注别人的速度。有些企业家想迅速把生意做大，所以他们经常将自己跟某些付出巨大努力且飞速成功的人比较。如果达不到别人的成功速度，他们就感到无比失望。其实，你没必要盯着最快成功的人，你只要达到平均速度就行了。你要把期望值调整到一个符合自己实际的水平，然后鼓足马力去做事就好。你不需要质疑你的目标，但需要质疑你的工作技巧或工作节奏。

- 跟踪并记录你的努力。写工作日志，记录你专注地为目标努力的时刻。诚实地记录。人们总是倾向于高估自己的努力。你想获得更多的成就吗？再努力些吧。

• 阅读说明书。有时候你不需要过度思考或白费力气做无用功。你只需想想，有人以前做过吗？他们是怎么做的？你也照做即可。

• 适当关注结果。自我觉察，但不要过度自我苛责。向一位能与你坦诚相对的资深人士（比如我）寻求反馈，以直击你的要害。别太敏感，过度敏感会限制你的个人成长。

当人生面对另一种选择

当你觉得一切都很美好时，非凡之路就会逐渐在你眼前清晰起来。你并未做错任何事，但刹那之间一切都变了。Stella & Dot 的董事长迈克·洛纳的故事就是这样的。迈克一直都很勤奋——他学习勤奋，工作勤奋，他还有一颗回报社会的爱心。从各方面衡量，他都是一个成功者。他娶了高中时的恋人，在斯坦福大学商学院读书，之后从事着自己酷爱的事业。他和妻子玛茜有 4 个可爱的孩子，一家人过着充满爱、欢笑、音乐和信仰的美好生活。事实上，他是我认识的最快乐、最幸福的人之一。

突然有一天，玛茜生病了。那一年，他们最小的两个女儿分别是 7 岁和 9 岁。玛茜被诊断为“慢性格林巴利综合征”，这是一种神经系统方面的恶性病症，导致她局部肢体疼痛并瘫痪。病情最严重的时候，她的体重降到 40 公斤，口齿不清，视力重影，身体极度虚弱，迈克必须背着她上下楼梯。

迈克非凡的事业轨迹突然间就变得无关紧要了，对他而言，唯一重要的事就是让玛茜恢复健康。他们尝试了无数种治疗方法，恢复玛茜的健康变成了他全部的人生使命。

正是在这段时期，我认识了迈克，他一边教我有关直销的“十八般武艺”，一边学习着给孩子们做午饭便当、接送他们上下学、给女儿编辫子。他努力做着尽职尽责的奶爸，努力扮演玛茜曾经的角色。这对他来说实在是太难了，因为玛茜之前是个“超级妈妈”“超级家庭主妇”，她还是教区和社区的灵魂人物。一直以来，玛茜都是迈克坚强的后盾，没有她就没有迈克的成功。

玛茜生病后，迈克的人生完全脱轨了。一夜之间，成功不再和完成季度销售目标或主持董事会有关，迈克成功的目标变成了帮助妻子恢复健康和照顾好孩子。新的处境逼迫迈克迅速修订了他对成功的定义。这段时间，他最自豪的时刻是当他给 7 岁女儿唱完摇篮曲后（玛茜每天晚上都给孩子唱摇篮曲，他延续了这个传统），女儿仰着脸对他说：“爸爸，你真是个好妈妈！”

如今，迈克依然是全家人的依靠。玛茜的健康也在渐渐恢复，而且她状态好的日子多于状态差的日子。

通过这个故事，我想说的是，你可能已经规划好了你的未来，甚至认为自己已经抵达了非凡之路的终点，但有时命运却有其他安排。外部境况或令你感到痛苦费解的命运转折有时会逼迫你改变你的人生轨迹。此刻能让你感到快乐的事已经变了，事业上的成功远远比不上看到病弱的妻子恢复健康和 7 岁的女儿发自内心的微笑。

在人生的旅途中，我们都会遭遇挑战。我们不知道这些挑战何时出现，也不知道它们究竟是什么。在这个案例中，迈克不得不放弃他之前对成功的定义，才能在新的境遇中保持乐观；他不得不从一个强者变成一个“弱者”，向亲友和邻居求助。重新制订计划，在困难时期找到一条通往快乐的新路，会让你再次发现非凡。

耐心一点儿

打造非凡之路，还需要耐心。一遇到麻烦就放弃原路、另辟新路，那可不行，因为这样做，你不会走得更快，只会越来越迷失。事实就是，不论你喜不喜欢，怀胎就是需要九个月！

以我的朋友金姆为例。她在一家大型银行工作七年有余，她很渴望也完全能胜任高级副总裁这一职位。尽管任何大型公司都是一个复杂的小社会，但她都能在工作中游刃有余，把工作做得有声有色。她不仅渴望新职位带来的挑战，还渴望随之而来的加薪。金姆有两个重要的动机：第一，金姆想拆掉旧房，盖一座新房，让日益增多的家人住得更舒适，这个费用需要靠加薪来负担；第二，在金姆看来，如果她必须牺牲陪伴孩子的宝贵时间，做一个职场女性的话，她的工作就应该尽可能地重要、有影响力且能让她骄傲，而高级副总裁这个职位正是她梦寐以求的一个事业里程碑。

金姆知道这个目标不是空想，而是能实现的。她也明白竞争的激烈程度——她并非每个条件都符合，但她在候选人排名中名列前茅，而且老板已经看到她对进步的渴望。作为一名人力资源经理，金姆深知世上没有完美的候选人。那么，为什么不能是她呢？对这个新职位，她有很多与其相关的激动人心的新思路，她甚至已经将它们付诸实践了。

实际上，她从好几年前就开始为晋升做准备了。她深知，自己虽然在中层管理人员中是佼佼者，但从中层跳到高层需要的不仅是特定的业绩上的成就，而且要在大老板面前展现自己的领导素质。

她选择了合适的时间（比如年度考核时）向上级主管表达她对更高领导岗位的渴望，并且请教领导还需要在哪些方面更努力。她积极主动的态度为她争取到了上级主管一对一的指导，从而使她的领导风格既有自身特色又更加成熟、智慧。她知道自己有过度坦率的缺点，也明白她需要学会从公司层面思考，而不能只站在个人立场考虑问题。

机会终于出现了——公司将招聘社交媒体客服部总监。金姆认为这是一个绝佳的机会，对将来晋升高级副总裁很有益处。于是，她递交了申请，还制作了一份战略规划书，充满激情地探讨了客户服务如何能借助社交媒体进步。通常，一般人都不愿意打电话给客服，除非他们遇到了必须解决的事情，而她就职的银行每年会接到 5 亿通这类电话。她想彻底改变这种消极的客户体验，并且她相信社交媒体就是开启这种改变的钥匙。于是，她在现有的工作中经常谈论社交媒体如何改变客服的理念，并请求在上级主管的领导面前展示她的未来计划书。

这似乎是一个胆大妄为的举动，但金姆的表述很清楚：为公司效力是她的心愿。在陈述中，她谈到价值创造时，神采飞扬，充满激情；对公司为她提供的一切机会，她心存感恩、念念不忘。她的战略规划书大获好评，但令人感到意外的是，总监职位并没有被她纳入囊中。

更让她感到意外的是，一轮大型部门重组行动启动了，金姆不仅失去了一半的团队成员，还被安置在另一个经理手下工作。这下可好，她非但没能晋升，反倒降了一级。那时，她本可以放弃不干，她可以发脾气、消极怠工，她还可以向同事发牢骚。但她没有这么做，相反，她一心一意支持新上司的工作，带领已缩减规模的团队提升工作质量。

工作之余，金姆还不忘学习。她从熟人圈里找到有大型客户服务团队管理经验的朋友们，以作为一名毫无经验的“菜鸟”的心态，用各种问题“围攻”他们。她还发现了一本客户服务的“圣经”，这成了她每晚睡前的必读书。她参加了客户服务大会，并跟每一位参会者交谈、请教。

她没有因为遇到挫折而意志消沉，而是把它看作一次提升知识和技能的机会。同时，她向老板证明，在经历了大型公司屡见不鲜的部门调整后，她仍能坚守专注和积极的工作态度，她是一名靠得住的公司领导者。

最终，她获得了高层管理者的岗位，不过并没有获得“高级副总裁”这个她渴望的头衔。新岗位责任大、负担重，而且并不能为她加薪。轻松平静的日子一去不复返。如今她每天 5 点 30 分起床，起早贪黑地高强度工作。有很多制度与规定需要她建立，因为原先的团队欠缺各种流程和规范。

金姆从没想过不付出就能加薪，她很有耐心，静静等待下一次薪资调整。

年中考核时，金姆的薪资涨了。年底，她得到了“高级副总裁”这个职位。这条路比她一开始想象得更曲折，也考验了她的耐心和韧性。她最终修成了正果。金姆得到了什么好处？她优雅地开始新角色，虽然工作时间更长、挑战更多，但她从未像现在这般充满活力。她甚至有余力监督盖房工程、为新房挑选瓷砖，这样他们一家人就能在夏天搬进新房了。

不要等待邀请函

你想在职场中晋升得更快吗？教你一个秘诀：不要等待邀请函，要主动增加你的工作价值，去做便是。与其关注职位、加薪和办公室政治，与其计较公司为你做了什么，不如擦亮眼睛，找到一个你能解决的问题，并开动脑筋去解决它。想想公司的使命是什么？你该如何发挥才智，帮助公司实现其使命？公司的首要战略目标是什么？你该如何动员自己和他人朝这个目标大踏步前进？我并不是说你不应该跟老板交流、争取晋升，我是说，你应该提前为自己打造领导者心态，让你的老板更愿意提拔你。

少想多做

人们往往想得太多、做得太少或太迟，这叫“拖延症”，不叫“计划”或“准备”。在一定的时间地点关注细节是对的，但拖拖拉拉、犹犹豫豫、纠结于细枝末节就不对了。小心“过度分析瘫痪症”！这样不仅浪费时间，而且对实现目标一点儿帮助都没有。

拖延或浪费时间在细枝末节上的心理根源是恐惧，是向未知靠近时的恐惧。害怕失败、害怕被拒绝、害怕未知的危险，这种种恐惧让你原地徘徊。当你想得太多而动弹不得时，问问自己到底在害怕什么？告诉自己，必须向前走。

如果你已经做了充分的准备工作，就立刻行动吧。不论你的目的地是哪里，抵达目标总是需要你迈开步伐！这个世界上存在完美的时机吗？比如，要求升职、寻找新客户、发布新产品、重返校园、周游世界、换工作、生孩子、减肥、创业的完美时机？不存在！非凡之路没有完美时机，不会有人告诉你：“周二上午10点是做某事的完美时机，那时不会有任何其他工作、娱乐事项和闲杂人等打扰你。”

在线结婚礼物登记簿上线以后，很多人对我们说：“我也有过这个想法！我正计划实施它呢！”我和珍妮听后觉得相当搞笑。谁想不到把礼物登记簿放在网上呢？重点是，我们不光想了，还做了！

当时的时机绝非完美，因为我们不得不从斯坦福大学商学院退学去创业。对于结果，我们也没有十足的把握，因为我们毕竟是初次创业的新手，对网络方面或许还有点儿经验，但对结婚和零售业完全是一无所知。

少想，多做。

我很喜欢电影《社交网络》里马克·扎克伯格的一句话："你要是能创办脸书，你早就去创办脸书了。"做与不做才是关键。

创意再好，不行动也是白搭。

那些创造了非凡事业的人，总是在别人认为他们还没准备好时就早早行动了。他们做的事情是别人认为他们做不了的事情。别人已经放弃了，他们却还在继续奋斗。这就是为什么自信心比能力更重要的原因——起步不必完美，若要完美就必须起步。

与其孤身傲立站台，等待那班完美列车的出现，不如坐上八成完美的列车先走一步。要知道，完美列车是不会到来的。

找到自己的节奏

你的非凡之路怎么走由你决定——有时候你想走慢点儿，有时候你想走快点儿。你喜欢哪一种速度，就尝试哪一种速度。走慢点儿没关系，但别指望你会跟那些速度快的人同时到达。各人有各人的追求，你和他人眼中的风景和心情可能是不一样的。快和慢没有好坏之分，只是选择不同而已。享受你的选择，走自己的路。

假设你是个电影明星，你接拍了一部新戏，要扮演超级英雄，那么你打算怎么为身穿比基尼在沙滩上打坏人的电影情节做准备呢？电影 3 个月后开拍，如果你想甩掉那 10 公斤脂肪，就得开足马力动起来了。经纪人给你雇了一个超级棒的名人私教，每天锻炼 2 次；你每天要花 4 小时学习综合格斗，把自己练成凶猛、精瘦的格斗机器；你还聘请了一名私厨，他让你严格执行蒸甘蓝加藜麦的饮食方案。这种高强度的节奏需要你做出很多牺牲，但它能让你达到目的。

假设另一个人也想减肥，但不想这么高强度。她决定每天雷打不动走 30 分钟；每天下午 3 点以后绝不偷吃糖果。她的计划和节奏从长远来看能减掉一定体重，有益健康，但她在 3 个月内肯定练不出完美的腹肌。这也没关系，只要她不抱有不切实际的幻想，就会很满意自己的减肥成效。但是，如果她羡慕别人的腹肌又不想付出高强度的锻炼，那就只能揣着一肚子不开心了。

你会选择哪种节奏？对我而言，甜食的吸引力比完美腹肌的吸引力更大。重点在于，无论你的目标是什么，别用让你感到痛苦不堪的节奏去实现它。既然你享受这种节奏，就别羡慕另一种节奏的结果。选你想选的节奏，因为快乐无须攀比。

未雨绸缪

非凡之路更像是障碍跑，你要怎么做才能跨越障碍呢？答案是：使 B 计划成为 A 计划的一部分。各种突发状况会阻挠你推进最佳计划，比如天气变化、丈夫出差、客户取消订单、孩子耳道感染、各种假期，但它们都不需要成为你放弃行动的理由。

这些突发状况或许在你的计划之外，但它们也不是什么非同寻常的事件吧？要想让你的目标享有绝对的优先权，你就要提前把各种突发状况考虑在内，对每一个灾难剧情实行头脑风暴法，提前想好你要如何成功跨越障碍而不至于趴在地上吃土？

你的房租不会因为下雪、客户取消约会而神奇地变少，所以要未雨绸缪，使 B 计划成为 A 计划的一部分。

假设有一个销售人员，她的目标是拿到公司奖励给销售额第一名的销售的豪华游大奖。为了实现目标，这个月她需要再卖出 5 000 美元的产品，你认为下面哪个计划会让她一边品尝着朗姆酒一边在海边晒太阳浴呢？

A 计划：瞄准所需的最低销售额，在本月最后一天完成销售任务。

B 计划：本月初就投入额外时间寻找潜在客户，预约好两倍的客户会面量，让保姆多看几次孩子，每天早起半小时，赶在孩子起床前完成工作。

这个例子对你有什么启发呢？你有没有遇到因为被某个突发状况干扰，而没能实现目标的情况？事后想想，这个突发状况你能提前预料到吗？如果你提前预料到了，那么能不能制订一个 B 计划？提前预料到障碍出现的可能性，你会不会更加镇定自若、更有掌控感，不再感到沮丧挫败呢？

瞄准最低任务量无法带给你极致的快乐。回想一位对你影响最深的人生导师或者你最崇拜的成功人士的事迹，你能想象这个人建议你低空飞过目标线吗？在最后一刻完成最低任务量？这种做法不仅无效，而且非常平庸。

追逐任何目标，无论是学架子鼓、健身，还是职位晋升、享受人生，你都要实施B计划。学会高瞻远瞩，提前预测，提前计划，你就能从容应对不可避免的人生障碍。

奖励自己

你想收获更多奖励吗？给自己制订一个奖励方案吧！别等着别人为你制订激励计划。你还在等什么？从你的动机倒推，制订你的私人奖励方案吧。

温蒂就是这么做的——她用奖励自己的方式，克服了障碍，实现了自己的非凡目标。她做过很多年临时工，她的前夫曾讽刺她一无所长，后来她加盟了Stella & Dot，成为一名设计师。2014年，在一次小组会议上，温蒂对大家宣布，她要在年底前完成100场品牌独家秀。这个胆大妄为的目标被一些消极人士嘲笑，但温蒂只是冷冷地说了一句："你们用不着相信我，眼见为实。"她的心中充满了无限斗志，并且立刻跟自己的3个孩子一起制订了4个阶段性目标，每个目标都有相应的奖励内容：

- 完成25场品牌秀，去沃尔夫度假屋住一个星期。

- 完成 50 场品牌秀，去参加一个超赞的野外露营游。
- 完成 75 场品牌秀，去迪斯尼乐园享受梦幻之旅。
- 完成 100 场品牌秀，她就去支付新房的首付！

前面几个月，温蒂成功约到了 40 场品牌秀。之后，到了夏天，客户都度假去了，他们纷纷取消预约，品牌秀的进展停滞下来。“虽然我心里开始打鼓了，但看到在墙上贴的目标和孩子们期盼的眼神，我就又有动力了，我决定使出浑身解数好好干。”她对我说。毫无疑问，奖励的内容不仅给了她动力，还给了 3 个孩子鼓励他们的妈妈实现目标的动力。

幸运的是，温蒂有一个好妈妈帮她照看孩子们，让她能安心出门做品牌秀。虽然她那个不负责任的前夫不时会带给他们纷争、痛苦和干扰，3 岁的双胞胎女儿也免不了感冒发烧，但这些都没有成为她放弃目标的理由，她心中有强大的动机，前方还有属于她和 3 个孩子的大奖。

到了年底，温蒂超额完成目标，她一共做了 111 场品牌秀。她支付了新房首付，接受了《红书》杂志的专访。孩子们看到妈妈的脸出现在杂志上，他们既兴奋又骄傲，这对温蒂而言是最好的、最令她感到惊喜的奖赏。“让我始料不及的是，这一年的努力改变了我整个人生，也让我懂得了一个最重要的人生道理：勤奋、清晰的目标和坚持不懈的行动能够改变你的人生！不光我，连我 7 岁的儿子都制订了今年的目标，他要读 100 本书，现在已经读了 42 本书了！”孩子不需要成为你一事无成的借口，相反，他们可以是你必须有所成就的理由。

虽然温蒂要翻越的障碍很多，但她做到了。她可以找到无数个合理的理由不去实现如此疯狂、高标准的目标，但她选择坚持，并无条件支持自己。

为什么要等到别人给你“大棒”、给你“胡萝卜”时才努力呢？当你学会如何把目标分解为一个个有趣的挑战时，你就让实现非凡目标容易了10倍。

改变路径，及时纠错

“改变路径”是硅谷最热的流行语。也对，当你走到死胡同、一头撞到墙上时，你当然需要改变路径了。

假设你在玩铁球闯迷宫游戏，必须操纵铁球绕过一个个圆洞和障碍才能走出迷宫，你把迷宫板倾斜，让铁球顺着一条路滚，结果铁球撞到了死胡同。你应该怎么办？用力抖动迷宫板，让铁球在死胡同里越陷越深吗？还是停下来，重新评估形势，温柔地操纵铁球后退，转向另一条更好的路？

撞到死胡同不等于死路一条了，你还可以走出迷宫，只是需要改变路径而已。有句话你大概已经听过无数遍了：“疯狂就是重复做同一件事并期望不同的结果。”

别错太久。你可以选择后退，从错误中学习，然后改变路径。

在人生的非凡之路上，你也会遇到撞到死胡同，需要改变路径的情况。有时，错误让你很痛，仿佛走向了地狱，你只能咬牙挺着。有时，你唯一能选择的出路就是浴火重生。在我的私人生活和职业生活中，我做过很多中途改变路径的事。

举个例子吧。Stella & Dot 的目标是提供最权威、最优质、最灵活的商业信息，我们用最好的产品、科技、服务、培训和酬金方案支撑目标的实现。我们团队的企业家的人均销售额、每小时酬金在业内遥遥领先。但在 2014 年，我们意识到那些同时承担公司领导职责、培训新人的企业家并没有得到最优待遇。公司刚成立时，60% 的成员有其他全职或兼职工作，现在这个比例已提升至 80%，最初的酬金方案已经不能适应这种新形势了。

公司业绩第一次遭遇增长停滞。我们的区域销售主管只经历过业绩的持续、强健的增长，如今他们只能和团队一样调整期望值了。我知道，我们的市场份额潜力还很大，饰品业是一个拥有 300 亿美元的行业，我们远远没有探到底。

改变迫在眉睫。我们做了深度分析，叫停了现行的酬金方案。这个决定符合公司使命，旨在为所有成员创造最大收益。否定旧方案、重新建立一个新方案是一件耗时耗钱、充满挑战的事，我们用了 18 个月才完成了分析数据、收集反馈、测试、再分析、微调、培训和进化的工作。

其结果是可喜的——我们的北美核心业务再一次迅猛增长。有时，实现更大的非凡成就之前，必须撞几次南墙才行。

可能你也有改变路径的亲身体验。为了转行，你得先降低身价，找个初级职位入行；或者，你要先学习一个全新的专业。改变路径是艰难的，但如果它能让你更接近内心的激情，那么再艰难也值得。

在平凡之路上听到的

我要忙死了！

别人能做，但我不如别人。

这不公平。

我考虑了好久好久。

我真正想做的是……

不，这不可能做到。

可我已经试过了。

这是我的性格问题。

在非凡之路上听到的

我喜欢这个创意。

我们先推进，慢慢会搞清的！

重点是，这样做对一年后的结果有影响吗？

比这更艰难的事我们都挺过来了！

虽然这不是我的强项，但管它呢，试一试又不会死人！

大家开动创造力啊，想想怎么解决？

小挫折而已，并非生死攸关。

当你在不会让你后悔的成功之路上跋涉时，请记住：

- 专注于创造价值，绝不要有特权意识。

- 把挫折看作在正确道路上遇到的颠簸状况，而非“死路一条”的警示牌。弃路而逃不会让你走得更快，只会越来越迷失。
- 耐心点儿，机会不会按照你的日程表敲门，坚持不懈的人才会有好运。
- 错误并非生死攸关，精神太紧绷会消耗掉你的能量。放轻松，接着干，你无法立刻找到正确的路又如何？掸去尘土，找回幽默，再试一次。
- 不要孤行，跟商业伙伴、朋友和爱人分享你的目标，有人监督，你会更有担当、走得更远。跟坦诚的人交往，他们有爱，但不会听你的牢骚抱怨，牢骚抱怨可不能支付你的账单。
- 别考虑昨天的你能不能做到某件事，想想明天的你能不能做到某件事。
- 努力完全是个人选择。

第5章　拥有积极思考的力量

有点儿活力，别死气沉沉。

——鲍勃·马利

成功是从失败到失败，依然不改热情。

——温斯顿·丘吉尔

我这个人积极得有点儿让人受不了。虽然谁都免不了发脾气、发牢骚，但我敢负责任地说，用积极思维取代消极思维能让你事半功倍地实现目标。积极思维更有成效，效率更高。积极乐观没有任何坏处，而消极悲观没有任何好处。

我想先消除一些误解或错误的联想——积极乐观不等于愚笨，不等于于鸵鸟战术，不等于刻意美化你的故事或处境来蒙骗别人。

积极思考意味着你能清楚看到自己的现状，如果不满意，就寻找另一条路前进。

没有什么比积极思考的力量更强大。

你看过电影《头脑特工队》吗？这是一部用奇思妙想的方式讲

述积极思维重要性的电影。我们头脑里有各种各样的情绪，有的积极，有的消极，有的甚至带有防御性。在影片中，我们在小女孩莱莉的头脑里探险，她的情绪幻化为动画人物乐乐、厌厌、忧忧、怒怒、怕怕，它们操纵着她的思维控制面板，而她的思维决定了她如何对周遭世界做出反应。

这部电影形象地展现了情绪的威力，以及思维如何被情绪控制的过程。这个影片所传达的信息非常重要，可以说远远超越了传统动画片所传达的信息。我研究过九型人格理论，分析过卡罗尔·德韦克提出的固定型思维模式和成长型思维模式，也阅读过很多积极心理学家的书籍和论文，我坚信，控制自己的思维是一件很重要的事，它比我经常读的商科书和科技论文有用得多。

刚开始接触积极心理学和正念时，我持怀疑态度，担心它们又是一堆不知所云的心灵鸡汤。但是，当我深入进去，逐渐理解了其后的神经科学时，我信服了。控制自己的思维真的很有用，它不仅能让你更快乐，还能让你身边的亲友更快乐。

20 世纪，绝大部分神经学家都认为人脑结构在婴儿期以后就相对固定了。然而，最新研究表明，人脑结构从出生到成年期一直具有可塑性，这意味着借助大脑练习，我们完全可以改变思维方式甚至自己的行为习惯。别再说什么“我没法控制啊，我的大脑思维方式就是这样的”，如果你的思维方式对你弊大于利，就赶紧改变你的思维方式吧。

在自我提升的过程中，我加入了“青年总裁协会”这个组织，它致力于年龄在 50 岁以下的高管的个人提升。在这里，我遇到了希尔扎德·查米恩，《纽约时报》畅销书《正向力》(*Positive Intelligence*) 的作者。在书中，希尔扎德汇集了神经科学和动机理论数十年的研究成果，告诉读者如何将消极思维转变为积极的思考、行动和情感。我发现他的方法和技巧确实管用，于是邀请他给 Stella & Dot 的区域销售主管做演讲，还邀请他来加利福尼亚州半月湾跟我们的高管团队待了两天——那是能改变人生的两天，我的思考方式、领导方式全都被改变了。

积极心理学的精髓是：我们越是训练大脑保持积极状态，我们就越快乐；我们越是让大脑静下来专注于积极的思维，大脑就会制造更多有利于平静和积极思维的突触和神经细胞。

正如强健的身体离不开身体锻炼，强健的大脑也离不开大脑锻炼，锻炼真的能改变你的大脑构造和功能，这千真万确！你可以重塑你的大脑，让它少产生一些恐惧，让自己相信梦想能够成真，相信努力必有回报。

大脑锻炼是一种视角的转换，虽然你不能彻底驱逐消极思维，但至少你可以把它关在没电没空调的地下室的小黑屋。

积极思维和正念带给我思想的极大的自我提升，让我忍不住和他人分享它的好处。接下来，我想告诉你一个我自创的正念练习，它非常简单、易学。

你念头中的你不是真正的你，你的念头也不总是事实

根据南加利福尼亚州大学神经影像实验室的研究，一个人每天

会产生 12 000 个到 60 000 个念头，其中的 98% 的念头都跟前一天的一模一样，可见，习惯的力量太强大！更可怕的是，其中的 80% 的念头都是消极的，难道人类天生喜爱负能量？

你的消极思维不可能一按某个关闭键就消失了，这也能被理解，毕竟消极思维是人类进化传承的一部分。你的消极思维的产生是很正常的，别因为自己有自责倾向就拼命自责，大家都有消极思维，这是有进化原因的——在远古时代，一定程度的恐慌和多疑对人类在野外生存是必要的。

但是，这并不意味着你不能改变。

希尔扎德把大脑中的消极声音归纳为 10 种，并形象地取名为“审判者”“控制狂”“偏执狂”“受害者”“逃避者”等。如果你对消极声音不加约束，这些声音就会严重影响你的生活。然而，运用一些以神经科学为基础的简单技巧，你的大脑就能从自毁倾向切换为最佳运转状态。

首先，你要问自己一个问题：你认为自己的所有念头都是事实吗？当然不是了，所以才会有嘴里说的、心里想的、耳朵里听到的三者不一致的问题。可见，思维并非事实。

现在把你的念头想象成一个造句练习，仔细观察并反思：

我有个念头是________，但

它是事实吗？

它重要吗？

它有益吗？

警惕那些听起来太过极端、魅惑、残忍、偏执、自夸的念头，你会觉得它们特别有道理甚至讨人喜欢，但千万别被它们带跑了，否则你会离目标越来越远。

举一个常见的例子吧。你去商店采购去海边度假的衣服。你站在镜前试衣，忽略了自己漂亮的眼睛和笑容，目光直接锁定在自己不满意的身体部位。你忘了自己是多么幸运，有两条能跑能跳的腿，而且大脑中不断闪出如下念头："呃，我讨厌我的大腿，它们太难看了！我要节食减肥！"几分钟前，你瞥见镜中自己的倩影，还觉得挺美，怎么突然就从美女变成丑女了？变化的不是你，而是你的思维，赶快切换消极思维为积极思维的模式吧！

当你主动留意过于极端、戏剧化的念头时，你就会发现念头只是念头，并非事实。

你念头中的你不是真正的你。当你大脑里冒出一个不友好的念头（关于自己的或别人的），你可以用另一种更接近事实的语言再把它描述一遍。比如，你做了件蠢事，你正在心里责怪自己，但你不要说"我太失败了"，而是告诉自己"我有一个念头是'我太失败了'"。这其中的区别很微妙，但它可以提醒你，你念头中的你不是真正的你。同样，你的每一个行为的结果也不能说明所有问题，下次试着说，"这一次我的行为失败了，但这并不能说明我是个失败者以及我的能力如何"。

你产生了受害者情绪怎么办？不要想"她怎么可以这样对我"，你可以试一试"我的想法是，当她说那句话的时候是故意想伤害我，其实换一种想法……"

受害者思维是最常见、最厉害的快乐杀手，掉进这个陷阱很容易，所以你必须在第一时间认清它的模样，迅速跳出陷阱。

对你的大脑说“不”

当你发现自己在过度思考甚至消极思考时，就立刻对你的大脑说“不”。谨慎的念头虽能起到保护作用，但你可以选择什么时候听它的，什么时候不听它的。

我们经常在想：“我真不知道我在干什么”“我能力不够，别人很快会发现”。当你听见这些自我怀疑的声音时，要立刻提醒自己：“哦，我又在唱‘我能力不够’这首人人都唱的老调调了。”

我认识一位勇敢、聪明、能干的女性，她在做全职妈妈 8 年后选择重返职场。以前，她丈夫的薪水足够全家过上殷实的生活，如今孩子要去上私立学校了，她只有再次工作才能负担得起整个家庭的开销。

全职妈妈也是结合了体力劳动和脑力劳动的“工作”，但它无法被写到简历上。如果当初她没有辞职，那么她现在可能已经是副总裁了。当年，她做到高级经理的职位后辞职，现在，她感觉自己跟行业完全脱节。但她的态度很积极，她不后悔自己曾经的选择，做全职妈妈让她很快乐，即使给她全世界她也不会交换陪伴孩子成长的这 8 年。

她的目标是在孩子 9 月份开学时找到一份工作。9 月渐近，她的消极思维又活跃起来了，她的内心有个声音在说：“没人想雇你，即使雇你，也是低薪。”她觉得这不公平。眼看全家开销上升了，她的求职行动却还没启动，丈夫和她的关系也因此紧张了起来，因为最初是她坚持要让孩子上私立学校的。虽然她嘴里说着很渴望工作，一直惦记着重返职场，但她迟迟不付诸行动。

一个月后，当她开导正在努力适应中学生活的孩子时，她恍然大悟：“孩子，中学跟小学大不一样，你得适应几个月才会完全习惯。如果你想交朋友，就主动走过去请求加入对方的游戏。我知道你想念小学认识的伙伴，但是，亲爱的宝贝，你得向前看啊！生活就是这样，越主动尝试，你就越爱它，你会弄明白的。”她意识到，她在告诉孩子要勇敢，可她自己都被恐惧捆绑着，若要教育孩子，她自己就必须先做到啊。

在积极思维的召唤下，她鼓起勇气，开始跟朋友们联络。她一直提醒自己，必须主动走过去，请求加入游戏！几个月后，她终于找到了一份每周上 4 天班的工作。

这个故事对你有什么启发呢？你不能让消极思维指引你的行动或导致你不行动。如果消极思维阻碍了你，你就要证明给它看，就要努力把事情做成，要知道，积极一点儿没坏处。

你的大脑里装了些什么？

在你的大脑里，哪个声音最响亮？想知道答案，就做免费的“破坏分子”测试吧。你可以登录希尔扎德·查米恩的网站（www.PositiveIntelligence.com），只需 5 分钟，你就能知道答案。如果你还想做更多免费测试，请登录

www. helloextraordinary .com 网站。

你是不是觉得很惊讶，一个网上测试就能把你的性格揭穿了？其实没那么神秘，通过了解你的性格特征，你会更了解像你这种性格的人经常会出现哪些消极思维。以后，一旦这种消极思维出现，你就可以毫不犹豫地否定它。

给你的大脑放个假

你是否每天都静不下心来？你是否已然成为手机的奴隶，过一会儿就得查查邮箱、微博和微信？

你是不是上厕所时、开车时也要查查邮件？你是不是坐在沙发上看电视时，也要看看朋友圈有没有更新？你是不是经常感到压力大、筋疲力尽、不堪重负？如果你能改变这种混乱的多任务的生活方式，你就会活得更积极，生活质量也会更高。

如果你跟我一样既有工作又有家庭，那么你的家里一定充满了爱与混乱无序。你常常处于高度紧张的状态，你要回应孩子们的各种需求，给小宝宝换尿布，接送大宝上下学……难怪你会觉得大脑快烧坏了。

这些超负荷的信息输入是积极思维的敌人，一个不堪重负的大脑会迅速被消极思维占领。你的大脑需要假期，就像你需要去夏威夷度假一样。你是不是忙得没有一点儿属于自己的时间了？停！你的头脑需要假期！暴躁、疲惫的你不会拥有非凡人生的。

那么，到底怎样给大脑放假呢？我们可以通过正念、冥想和静心的方式，让压力、疲劳消解，让消极思维转化为积极思维，从而更有能量去成就非凡。好消息是，这些方法很容易，而且不枯燥。

5 年前，如果你跟我聊冥想，我就会给你一个“鄙视”的眼神——那时我以为冥想就是一动不动盘腿坐在一个点着香薰的房间。那种环境下，让我坐 30 秒钟，我就会感到非常无聊，还想站起来，大脑里会充斥着愤怒的念头：“我好饿，我想上厕所，脖子好疼！”那里的一分钟感觉像是一小时，苍蝇落在我脸上，我气得挥舞胳膊把它赶走，于是其他人朝我投来厌弃的目光，接着把我请出房间。我根本不擅长冥想，我确定冥想并不适合我。

如果你脑海里也有以上关于冥想的消极画面，那么我可以帮你打消顾虑：冥想其实就是让大脑静一静，给大脑放个假。我把好处给你罗列一下，你就有动力冥想了。

给大脑放假有如下已经验证的好处：

- 减轻压力。发表在《健康心理学》期刊上的研究成果表明，冥想能降低荷尔蒙肾上腺皮质醇水平，因此能减轻压力。
- 发表在《人类神经科学前沿》上的研究成果表明，冥想的好处是有延续性的。即使你又忙碌起来，你的大脑仍在享受冥想带来的好处，就像停止锻炼后你身体的新陈代谢率依然很高一样。这是因为冥想让你大脑中的神经连接安静下来，释放出更多的快乐神经递质多巴胺，从而使你的身心都平静了。
- 冥想让你脾气更好。你休息好了，心情也就好了。调节心情的好方法就是保证充足的休息。

- 冥想让你更有爱心及同情心，更愿意助人为乐。你会发现自己责骂孩子的次数变少了，在便利店不小心撞了你的人也不再那么讨厌了。

好吧，如果你还没被说服，我还可以增加一个冥想的好处：冥想有利于减肥。你想减掉多余的赘肉？根据消费者报告和美国心理协会一项针对心理学家做的调查，70% 的被访心理学家认为冥想是一种“绝佳的”或“很好的”减肥策略。所以，你还在等什么呢？

简简单单的冥想就能让你的消极思维转化为积极思维，你会发现自己：

- 愤怒感少了，好奇心多了
- 挫败感少了，感恩心多了
- 怀疑少了，信任多了
- 抗拒少了，接纳多了
- 绝望少了，希望多了

若想拥有这些好处，你只需每天 3 次、每次 5 分钟做一做放松大脑的冥想。尝试一周，我敢保证你的工作和生活会变得更快乐、更积极和更有效率。你大脑中的消极之声不会绝迹，但它会减少，只是偶尔发作，而且你很快就能回归积极。冥想的好处是立竿见影的，让你越冥想越喜欢。

你周围的人也会受益，积极思维就像一个玫瑰镜片，透过它，你会觉得周围的人变得更有爱、更聪明和更善解人意了。其实，正是积极思维让你学会欣赏你所拥有的一切。

一天三次的迷你大脑假期

我有个习惯，每天给自己安排 3 次迷你大脑假期，有规律地给大脑充电。第一次尝试的时候，我想，我哪有时间坚持做这件事啊？可是，一天抽出 15 分钟时间真的很难吗？我只要从一天 1 440 分钟里找出 15 分钟就好啊。这么一想，我觉得用 1% 的时间放松大脑，就能提升其余 99% 的时间质量，很划算。

我试着实行了几次计划，效果让我大为吃惊——我立刻就感觉轻松多了，疲劳感一扫而光，工作也更专注、更高效，整个人变得平静自如，快乐指数大大提升！

如果你也对冥想感兴趣，那么我强烈推荐你读一读《正向力》这本书来加深理解。这本书里有一个每天从 1 数到 100 的练习，可是我真的做不到，我需要一种更简单的冥想法。于是，我自创了“一天三次迷你大脑假期法”，为了提醒自己，我把三次迷你假期和我自己的三个习惯结合起来：早上喝咖啡或晨跑时，午餐或开车回家的路上，晚上入睡前。

你的积极乐观也会感染身边的人。

在 5 分钟的迷你假期里，我让大脑安静下来，关闭其中嘈杂的声音，让大脑彻底放松。这个方法非常简单，就是在喝咖啡的时候什么都不做，不查邮件，也不看手机。

在这 5 分钟里，你可以试着对身体更放松，你可以感受周围的世界，让你的感官更加敏锐。

看看你的周遭环境。

摸摸物体的质感，留意指尖的感觉。

闻闻清新空气和其他味道。

听听周围的声音。

尝尝食物和饮料的口感。

释放纷乱的思绪。

回顾让你感到快乐、感恩的思绪、情感和事件。

别把这些步骤想得太复杂。通常我在每一种感官上只停留 1 分钟，接着就进入下一种感官体验。有时，当我身处美丽的大自然，我就只关注视觉和听觉。冥想最后，我会很自然地充满感恩，家人的面庞浮现在我的脑海。一个人、一首歌、一个地方、一件事——点滴回忆都能调动我的爱与感恩之情。

如果你觉得自己达不到禅宗大师的境界，那么你也别慌！随后的思绪会试图偷走你的注意力——“那个会议是几点来着？”“她竟然发了那样一封邮件给我！”释放这些思绪，想象自己走在乡间小路上，这些思绪就是从你身旁开过的车，它们进入你的视线，经过你身边，又飞驰而去。任其远去，别管它们，也别追它们。

以正确的姿势醒来

清晨醒来，你做的第一件事是什么？拿起手机查看收件箱或社交软件吗？放弃这个习惯吧。查看你的身体和感恩之心比查看收件箱更好，用安静的头脑开启你一天的生活吧。

再告诉你两个很赞的小习惯：

- **快乐你好**。你在见重要人士之前，或在见家人之前，一定要进行一次迷你大脑假期（即使一两分钟也行）。回顾他们的优点和可爱之处，这会让你对会面充满兴奋之情。区区 60 秒的主动回顾，会让你更有感知，更容易享受相会的美好，使彼此的陪伴意义非凡。
- **睡前放松**。让一天的最后几个小时充盈着宁静而非喧嚣。放下手机、电脑，舒展一下身体，做一做冥想。睡前来不及做这些？那就早起早睡。想想看，多看 5 分钟真人秀、多上 5 分钟网真有那么重要吗？

今天，你要尝试哪一种迷你大脑假期呢？

专注于机会而非障碍

机会俯拾即是，但如果你眼睛只盯着障碍，就会对机会视而不见。长时间盯着障碍看，这不是休息，也不是谋略，而是自己在跟自己作对。

发现障碍是商学院的一门必修课。未雨绸缪、辨认路障是有必要的，但花等量或更多的时间发现机会也很有必要。你可以找到100个注定失败的理由，但想要成功就必须专注于另外几个能够成功的理由。

你可以想象机会就挂在水晶灯上，躺在椅子上，盘腿坐在地板上——机会真的无处不在，就等着你跟它相视而笑呢。

一笑置之

幽默是抵抗消极的最佳工具，幽默也是让你行动起来扭转困境的最佳督导。幽默感能让我从火冒三丈瞬间就变为捧腹大笑。发现情境中的滑稽之处，能提醒我这样思考："好了，自怨自艾的游戏结束了，我该怎么做才能改变不尽如人意的地方？"

友情提示：接下来要介绍的思维转换法听起来会让你觉得很可笑（它确实可笑，所以才管用呀）。

设想一个你最常见的消极念头："刚才开会老板快把我虐死了！他太阴险了，是不是存心整我？""我怎么这么一事无成！我太失败了！""这简直是浪费生命、浪费金钱！我怎么会这么傻！"

现在，在脑海中把这几句话唱出来，就好像你是音乐剧的演员在登台演唱，表演风格可以非常夸张，再想象自己头戴大礼帽、身穿蓬蓬裙。把消极念头唱出来，你会立刻看清它的夸张和荒谬，对不对？因为它本来就是夸张和荒谬的。

自嘲是一种可贵的能力，别把消极念头太当真，用幽默终结自怜的游戏。

着眼于未来的可能性

几年前，我在安永年度企业家颁奖典礼上遇到了朱文诺·查韦斯和他的 3 个儿子。我很荣幸成为候选人之一，但听朱文诺讲述了他的经历后，我真想对评委大喊："给朱文诺投票！"

朱文诺于 1984 年移民到美国，之前他是墨西哥的一名高中教师。为了给孩子提供更好的生活，25 岁的他和妻子玛丽亚·埃莲娜、儿子小朱文诺举家来到加利福尼亚州。他晚上去夜校学英语、做酒保，白天做清洁工，他的妻子做钟点工。后来，一个朋友给他介绍了一份在斯坦福大学实验室洗试管的工作，一小时 14 美元。在他看来，这是一个很大的进步，不但薪水高了，他的工作也从洗厕所升级为洗试管了。

大约在同一时期，他的哥哥提出了一个想法——开一家生肉商店。这个想法立刻吸引了朱文诺，他认为生肉商店能让他这样的墨西哥移民家庭找到家乡的感觉。他希望自己的生肉商店不仅是一个商店，更是一个让墨西哥裔美国人购买家乡食品的圣地。于是，朱文诺带着妻子一起去考察场地。当他们走进市场时，立刻被腐烂的肉味和遍地的苍蝇震惊了。

朱文诺从狭小局促的市场逃出来，难掩嫌弃地说："这地方怎么做生意？简直糟糕透顶了！玛利亚，我们走！”

但玛利亚拦住了他，劝阻道：“你不要只关注它外在的样子，用你的心去看，看看它的未来是什么样子。”

妻子的话如字字珠玑，让朱文诺恍然大悟。就在那一刻，他看到了这家市场未来的样子——繁忙、热闹，就像他怀念的墨西哥市场一样。对于湾区日益增长的拉美大家庭来说，这个市场是再适宜不过的了，能够满足他们特有的饮食习惯。朱文诺看到了一个有爱的市场，一个个熟悉的身影；他一边帮顾客挑选最成熟的酸浆，一边跟顾客亲切地唠着家常。

基于20多年前的这个构想，朱文诺和他的3个儿子创建了一个非凡的农贸市场品牌——“自己人”食品中心。如今他们已经在加利福尼亚州北部拥有21家连锁店，总价值高达3亿美元，这些连锁店致力于为顾客提供地道的拉美购物体验。

如果那一天，朱文诺没有跟心态积极的妻子在一起，没有被妻子的乐观和超越理性的信念所影响，他就不会看到市场的未来，也不会有胆量去创造这种可能性了。

你想让你的人生非凡吗？切换到积极思维，重新打量你的人生，看到它未来的样子吧。

你还记得有人曾评价我和珍妮“太天真”吗？其实我们只是积极思维太发达。有的人天生乐观，有的人则不是，但所有人都有能力切换到积极思维模式。

让坏事变成好事

当你感到消沉、失望、挫败、自卑时，如果有人对你说“兴许坏事会变好事呢”，那么你一定会觉得这人很不识趣——坏事临头时，谁有心情关注好事？但你知道吗，这样切换一下思维是极其美妙的体验。

有时，在悲剧事件之中也能诞生好事。Stella & Dot 基金会资助的每个项目都是由遭遇个人困境的妈妈发起的，她们从自身的悲惨遭遇中，找到了帮助他人的勇气和动力。克莉丝蒂·杜灵顿·伯恩在生第一个孩子时几乎死在产房里，那次恐怖的经历激励她创办了“关爱每一个妈妈”公益组织，旨在关注全世界孕产妇的保健问题，致力于改变每两分钟就有一位产妇死于难产的事实。

诺琳·弗雷泽患有乳腺癌四期已有十多年。她认为，癌症病人应该把癌症看作一种可以与之共存的疾病，而非绝症。她意识到，在她有生之年，乳腺癌或许不会被根治，但她依然要为女儿、外孙女辈的人奋斗。

霍莉·罗宾森·皮特和丈夫罗德尼·皮特（前职业橄榄球运动员）创办经营的冬青棒基金会，最初致力于资助帕金森病的研究与治疗，后来他们的大儿子被诊断患有自闭症。在帮助大儿子抗击疾病之余，他们仍不忘扩展基金会的使命，继续为自闭症研究筹款，以帮助更多人。

这几位女性充分理解到积极思维的力量，她们懂得超越个人苦难、回馈社会的意义，她们的善行令人震撼。那么，只有拥有基金会的名人才能把坏事变好事吗？只有在健康受到威胁时人们才会发起这类善举吗？不，当然不是，你也可以在日常生活中主动发现坏事中蕴藏的好事。

当你遭遇坏事时，不要关注它有多么糟糕，要想象它至少蕴藏了一个礼物，无论这个礼物多么微不足道。这是一种掌控积极思维的练习，从小事练起，遇到大事你就会更乐观了。

比如在会议或社交场合，你无意中说错话冒犯了别人，自己感觉也很尴尬，这种情况能转变成什么好事呢？第一，如果你鼓起勇气向对方道歉，那么可能会赢得对方的尊重，改善你们将来的关系；第二，这次尴尬事件可能会让你以后更加谨慎，学会认真倾听，从交谈中收获更多。

只要进行积极的头脑风暴，就能让你免受自我苛责，不是吗？

“攀比是偷走快乐的贼”

西奥多·罗斯福说过一句睿智的话：“攀比是偷走快乐的贼。”一点儿没错，攀比能偷走快乐，还能偷走你的自信心。

有一次，我受邀参加《财富》杂志“最具影响力女性”会议，由罗茜·欧唐内主持，有很多创业家出席，包括超级名模兼成功商人泰拉·班克斯。此次会议地点正好离我爸爸家很近，于是我邀请他过来坐在观众席，这让他十分骄傲。

小组讨论结束后，参会者退场，《财富》杂志安排了摄影师给我们拍照。我正在排队等着照相，有些耳背的爸爸跑过来对我喊道：“你讲得太棒了！当然，我一个字也听不见，但我就是知道你讲得很棒！”说真的，即使台下的观众都冲我扔烂西红柿，他依然会认为我很棒。不管我是不是真的很棒，爸爸无条件的爱让我感觉很棒。

轮到我照相了，我冲相机微微一笑，摄影师一直盯着镜头看，还不断摇头，好像想甩掉什么霉运似的。

终于，他恼怒地说：“不对，不是这样，像她这样摆姿势！”他把相机转向我，让我看前一张照片——泰拉·班克斯的。他还来回翻页说：“看，这是你，这是泰拉；这是你，这是泰拉。”

看着照片，我的心情从九霄云外一下子落入十八层地狱，任何一个普通女人都不该被拿来跟超级名模做比较啊！

但我想到了爸爸，想到了他坐在观众席里看我的骄傲眼神。是的，我很棒！我笑了起来，把手搭在摄影师肩膀上，说：“先生，你别气了，她是超级名模，而我就是我！”在这之后，我就有了做护肤品牌的计划。

跟超模相比，我相形见绌；但透过老爸的目光看自己，我觉得自己很棒、很美。

这个世界上总有比你优秀的人，他们有更好的教育背景、人脉、经历、美貌、智商、身材、天赋等。但也有很多人，他们拥有的资源比你少，却依然成功、快乐。你可以见贤思齐，但切勿妄自菲薄。

假定全世界都在等你成功

人们常说，女性在硅谷融资是多么困难，因为硅谷是“男人的俱乐部”。但是，我第一次创业融资时，根本都没想过这些。或许硅谷曾经是（依然是）“男人的俱乐部”，但执着于这种想法也不能帮我成功融资一分钱啊。我没有丝毫胆怯，毕竟，我的成功并不需要每一位投资人的开明与慷慨，只要有一人说“是”就行了。为了融资，我走进过无数全部是男性的房间，宣讲我的商业计划，我甚至忘了自己的性别，认为他们都没有任何偏见地在听我讲话。实际上，根据我个人的经验，比起创始人的肤色或性别，风险资本家对生意的回报率、团队履历、团队才华的兴趣更浓。

我的目标很单纯——我要跟最棒的投资方合作。结果，我们不仅得到了硅谷最负盛名的投资公司注资，还得到了道格·麦肯泽本人的提点。20 年来，他一直是我最信赖的导师（他也是 Stella & Dot 的第一位投资人和董事会成员）。

当时，我的注意力没有放在有些人的性别歧视言论上，而是放在下一场会议上。如今，我可以写一大本书记录我听过的针对我的性别偏见言论——从我 15 岁时在芭斯罗缤冰激凌店遇到的第一个老板，到潜在投资人，到为我工作的男性员工。但我认为写这样一本书实在是浪费纸张、浪费时间。在大多数情况下，面对这种言论，你只需回一个蔑视的眼神。相信我，我不会跟这种人长久合作的。

一位在女性问题领域做过非凡贡献的知名记者曾对我说：“你应该对女性面临的不平等状况更加愤怒，尤其是硅谷高层选拔时的性别歧视问题。”诚然，我更加关注进步和积极的一面，但这不等于我对问题视而不见。我看得一清二楚，但我认为愤怒不是一种有效的反应方式。我的方式不是唯一的方式，但我相信它是一种不可缺少的方式。

我们可以容忍性别歧视言论吗？当然不能。我希望我女儿这代人听得越来越少。但是，你完全不必让这类言论影响你的自信心和积极思维。我情愿假设这个世界正在等着我成功，你也应该这样假设。给你一条我发自内心的忠告：你可以假设自己的性别、肤色和年龄统统不是问题，向前走，就像世界正在等你成功一样。

积极的非凡

- 相信你能重塑你的大脑。你的消极思维并不代表真实的你，你是你想成为的那个人。记住，神经是有可塑性的！
- 大脑练习裨益多多。经常练习，它会变得更容易完成任务。
- 无视恨意满满的人。这样的人总会有，你可以决定是否要被他们拖下水。
- 你的积极能感染身边人。你可以选择做一个正能量传播者或负能量传播者。
- 在绝望中看到希望。如果你看不到坏事中蕴藏的好事，就不可能发生好事。
- 如果你必须浪费宝贵的精力去怀疑些什么，那么就质疑你的局限性，千万别怀疑你的能力。

第 6 章　珍视非凡旅途中的关键人物

一个宇宙，8 个行星，204 个国家，809 个岛屿，7 大海洋，我有幸遇见了你。

Stella & Dot 不是我一个人的成功。我创办了它，但它的成功并不是我一个人的功劳。它的成功属于每一个为它付出过的人——过去及现在，小付出及大付出。有一个搞笑视频“孤独的疯子”点出了在一项共同事业中每个人发挥的独特作用，其创始人往往是备受吹捧的“疯子”（我也是）。一开始，创始人什么也做不了，直到她有了追随者。这些追随者是一群勇敢的人，他们的投入、激情以及对“疯子”的信任创造了变革所需的临界能量，一场运动就是这样开始的。

这些所谓的追随者其实也是领导者。没有了以下非凡人物的支持，我也只是个孤独的“疯子”而已：珍妮丝 · 帕森斯、玛雅 · 布伦纳、道格 · 麦肯泽、迈克 · 洛纳、丹妮尔 · 瑞德纳、布莱斯 · 亨伍德 · 哈里斯，还有总部办公室、销售区域的每一位成员，以及从过去到现在的每一位顾客。

人与人之间的相互感动、激励、支持、陪伴是世界运转的原动力。不能与他人分享的成功还有意义吗？非凡之路上，人是最重要的化学元素。作为一个人，你需要爱和关心才能快乐。如果你不能影响他人、被他人认可，那么成功还有什么意义？

你身边的人既能助你非凡，也能阻碍你非凡。如果你下意识地选择和积极的人相处，那么他们会帮助你自我提升而非拖你下水，你的非凡也将指日可待。

人的心态是有传染性的。一个积极的人能带给他人阳光。你越积极乐观，就越能吸引到优秀非凡的人。反之亦然，你越消极，就越能吸引到消极负面的人。

我很幸运，能够吸引一帮优秀非凡的人，他们塑造、指引着我的人生。他们有的是生而有之，比如我的爸爸；有的是我主动寻觅来的，比如我的合作伙伴迈克、布莱斯。我只想与最积极、最有天赋、最激励人心的人做朋友和商业伙伴。

你是否在主动寻觅那些鼓励你追梦、鼓励你积极思考人生的人？谁让你对未来和自己充满信心？谁能激励你成为更好的自己？谁告诉你这个世界充满善意？多跟这些人相处吧！你身边的人越优秀，你也会越优秀。

一定要与他人分享你的目标！他们的技能和资源是你的财富。在与他人的分享中，你能加深对目标的渴望，他人的监督也会让你更负责任。而且有人做伴，你的非凡之路会充满乐趣。

那些让我们成长的人

毫无疑问，对我影响最大的人是我的爸爸拉瑞·迪卢洛，你也可以叫他“极棒的人”——这不是我给他起的绰号，是他要求我们这么叫他的。当然，我们还可以叫他“科学家”。虽然这个绰号稍显浮夸，但我爸爸是一个谦虚、善良的人，非常有幽默感。

请让我分享一些这个“极棒的人”的背景资料，我保证这不是浪费时间。

我的爸爸拉瑞出生在康涅狄格州，在他三岁时，爸爸就过世了，之后他跟妈妈和弟弟一同生活。小学三年级暑假，他说服了妈妈同意他送报纸——看见妈妈每日操劳，他也想帮忙赚钱养家。妈妈用分期付款的方式给他买了一辆自行车，之后，他用送报纸赚的钱交清了余款。每天放学后，他都要给 130 个顾客送报纸。他干活儿很认真，第一天送报纸就赢了一个大奖——洋基体育场一日游。他坚持送报纸到 16 岁，然后在便利店找了一份每周工作 20 小时的兼职打包工作。

我爸爸虽然工作勤奋，但他不算是个好学生。他知道自己上不起大学，高中毕业后也只能在便利店工作了，所以他没有动力好好学习。高三时，有一次三角函数考试他得了 C^- 的成绩。放假前，老师发了《微积分入门》教材，对全班学生讲道：“你们要是觉得三角函数很难，那么学学微积分就知道什么是真的难了。我不会因为你们快毕业了就让你们放松，谁要是不及格，谁就毕不了业！”

于是，他立刻找到了学习的动力——他想让妈妈知道他将成为这个家有史以来第一个高中毕业生。在这两周的假期里，他天天都在啃教材、解题，课后题没有他不会做的。

返校后，他从“数学笨蛋”华丽变身为“数学天才”，他的微积分考了 100 分！如今老爸还跟我吹牛，要是让他教微积分，他能比其他老师都教得好！

他的野心并未就此满足。当年暑假，他跑到公立图书馆借回两本微分学教材，继续自学。后来，他一上技术学校就通过了高等微积分考试，拿到了学分。由此可见，一个人的转变只需要一点儿动机和大量专注。

高中时期，我搞不懂三角学，于是向“数学天才”老爸求助，他看着我摇摇头，挥舞着胳膊喊：“我说，你怎么不去后院练习挖坑？你怎么想的啊？你不需要我的帮助，你只需要好好啃书！”（迪卢洛家族的人总是很戏剧化）我面前的确摊着一本书，他知道我没真的动脑筋去学习。爸爸一直教育我要努力，别总想着靠别人——你自己都不努力，怎么能指望别人替你努力呢？

“努力”是他恪守至今的人生信条。爸爸高中毕业后，他白天在便利店上班，晚上在两年制的公立技术学校攻读工业工程学学位。他的目标是找到更好的工作，让妈妈和弟弟过上更好的生活。他有强大的动机，为了实现目标，他心甘情愿付出。虽然他从小学三年级就开始打工贴补家用，但他从不把工作看作苦差事。

后来，他做了全职的工业工程师，又在业余时间迷上了盖房子。他再次全情投入，报名参加全美房屋建造协会的工作坊，订阅《美国建筑者》杂志，阅读电路电线、水管设施、木工等方面的书籍，自学每一项盖房需要的技能。一年之内，他和表哥乔伊靠自己的双手盖起了一座房，而且顺利出售了！这都是他们利用晚上和周末，每周工作 40 个小时完成的！

之后，爸爸娶了妈妈，搬到亚利桑那州，他边工作边考取了工程学硕士学位。一拿到文凭，他就连盖了两座房子，然后辞掉工程师的工作做起了房屋建筑的生意，这也成就了爸爸事业辉煌的 7 年。

20 世纪 80 年代，美国储贷危机导致房屋市场不景气，老爸被迫离开了建筑业。当时美国银行的基准利率高达 20%，很多人贷不起款买房（我写这本书时美国的基准利率是 3.25%）。房屋销售缩水，我家从有网球场、游泳池的大别墅搬进了一套小公寓。

但爸爸似乎从未对此恐慌或担心过，他似乎认为这并不是什么大事。从小家境贫寒的他，认为能住小公寓已经很幸福了，毕竟一家人都平安健康，他又有一身的技能和实干精神。他的积极乐观也感染了我们几个孩子，偶尔有人发出一句怨言，他就会笑呵呵地说："你能怎么办？时运不佳呗！"他绝不会让自己沉湎于消极悲观中。

后来，他跟朋友巴瑞创办了一家小型软件公司，名叫"华尔街之窗"，其目标用户是日间股票交易员。他负责编代码，巴瑞负责销售。爸爸不懂最新的编程语言，他拿起书自学，因此当时我家每张桌上都堆着几本电脑书。

结果，软件大功告成，他把软件卖给了巴瑞，全家人又搬回加利福尼亚州。他接着创办了一家电脑开发咨询公司。公司虽然只有几名员工，但他喜欢自己当老板的自由和工作内容的多样性。

虽然爸爸每周工作时间超过 50 个小时，但他总会抽时间陪伴我们。他爱工作，但他更爱他的孩子。儿时，在亚利桑那州一个炎热的夏日，我和哥哥、姐姐推开爸爸书房的门说想去海边，正在工作的他爽快回答："好呀，上车！"于是，我们开了 6 个小时车来到加利福尼亚州海边玩耍。爸爸懂得，非凡人生不仅需要事业成功，更需要美满的家庭和可爱的孩子。

爸爸也是我见过的最善良的人（他跟查德并列第一）。妈妈离开后，他从未说过妈妈一句坏话。听见我埋怨妈妈，他便会劝我：“那是你的妈妈，你知道她缝纫很棒吗？你小时候她还给你做了件万圣节的衣服呢，可能你的艺术天赋就是她遗传给你的。”在消极和积极之间，他总是选择积极。

他不是一个容易被打动的人，但他总会无条件给予孩子支持。我去莫德斯托市参加演讲辩论比赛时，他会开车接送我，来回需要4个小时车程。当我做出了成绩，他就会非常骄傲。事实上，如果今天你碰见了他，你恐怕就会想先溜走，因为他会滔滔不绝跟你讲我30年前的胜利史，还喜欢夸张地表演出来，以放大我的荣誉。

在我的青葱岁月，他从没娇惯过我或给过我不切实际的表扬。高中毕业那天，没有派对，没有礼物，爸爸和我一起买了杯冷冻酸奶庆祝。他说：“这有什么大不了的？连会对着镜子吹气的孩子都能从高中毕业。”

爸爸认为，自信心不是靠他人的表扬建立的，孩子应该自主培养内在的自信。我能感觉到他对我无条件的爱，但如果我什么也不擅长，那么他绝不会说“你做得很棒”；我自己能做到的事，他也绝不会帮我做。要是他一直无底线地表扬我、替我做我该做的事，我还会有今天这样高的逆商吗？肯定不会。

如今，我的每场销售大会他都要参加，用他的话说，他是在“看行动中的我”。不仅他参加，他还“强迫”其他亲戚参加。坐在他旁边的人总会对我说：“你老爸从头到尾都在说话！他耳背，说话总像喊：‘她特棒吧！你看她多神气！’”

我认为，最模范的家长不是那种整天围着孩子转、观察孩子的一举一动、担心孩子营养不均衡的家长，而是像我爸爸一样，着眼于全局，不拘泥于细节。

爸爸的为人和他的寒门奋斗史，不断激励着我。因为他，我懂得了什么是创业精神；因为他，我懂得了努力能带你到达任何想去的地方。从他身上，我学到了积极思维的力量、坚毅的重要性，以及风险和失败也是成功的一部分。

最后我想说，在选择非凡之路上的伙伴时，请选择像我爸爸拉瑞这样的人。我一直认为我的爸爸是世界上最伟大的家长，哥哥、姐姐和我都深深地爱着他，我可以负责任地说，他绝对配得上“极棒的人”这个称号。

极棒的人教会我的

- 家庭第一，照顾家人是必须的。我爸爸在这方面绝无商量余地。
- 花在学习和成长上的钱和时间，永远都值得。你可以勒紧裤腰带，打两份工，但教育方面的钱不能省。爸爸常说，公立图书馆有书、有网络，还是免费的，想学怎么都能学。
- 想学某方面的知识？那就啃书吧。爸爸学知识从不被未知事物阻挡，也从不需要别人的批准，他总是充满好奇心。如今七十八岁的他，依然活到老、学到老。
- 努力工作，为自己的成果骄傲。爸爸不论做什么工作，都为之骄傲：打包商品、开发电脑软件和养育子女。

- 如果你不喜欢现在的工作，就换一份你喜欢的工作，这有什么大不了的？爸爸绝不会在自己不喜欢的工作上多耽误一天，他此生的事业都重启过N次了。
- 对每一个人慷慨善良。

多米诺骨牌和关键人物

Stella & Dot的创意诞生在我家客厅，却又远非如此。没有其他人帮你的时候，一个想法就只是一个想法而已。在帮助过你的人中，有的人临时登场，有的人扮演了小角色，但他们都是多米诺骨牌中必不可少的一张，谁知道是哪张多米诺骨牌改变了公司的前进路线？可以说，总部和销售区域的每一位成员以及每一位顾客铸就了Stella & Dot的成功。

当我还在得克萨斯州，计划着搬回加利福尼亚州创办公司时，我给珍妮丝·帕森斯打了个电话。当时我并不认识她，只知道她是帕罗奥多市一家珠串店的店主。珍妮丝同意让我们使用她位于爱默生大街的办公室的地下室。她就是一张关键的多米诺骨牌。

与此同时，一位朋友的朋友打电话给我，向我咨询创业经验，还问我愿不愿意去他的初创公司工作。我分享了一些自己的心得，但婉拒了那份工作。我告诉他，我打算从事饰品业的相关工作，热心的他介绍我跟他的朋友玛雅·布伦纳认识。玛雅是一位名流珠宝设计师，她把我做的珠串饰品升级得更酷炫，她那款“美丽人生”项链成了我们最畅销的品牌，无数名人都喜欢戴它，这大大提升了公司的知名度和专业水准。

当我准备好要扩大奢华珠宝的规模时，我联系了雷达伙伴公司的道格·麦肯泽（他也投资过婚礼频道网）。我不仅需要他的种子资金，更需要他睿智的头脑和鼓励的话语，他总能帮助我做得更好、把目标设定得更远大，他总能提出正确的问题。

道格和他的合伙人对饰品业一无所知，但他相信我，因此在我第一次创业时他便投资了。没几个人见投资人是这样开场的：“听着，我现在有孩子了，估计很快会有第二个，所以我的创业时间表会顾及我的家庭情况。哦，还有，我不想上市，我想保持对公司的掌控，不偏离公司使命和初衷。高增长和季度利润不是我的首要目标，影响力才是我最看重的。我不能明确地给你一个时间表，但我相信这份事业会很大。你们怎么认为？”

如我所言，这不是一次教科书式的见投资人的开场白，至少不是最典型的开场白。但道格也不是典型的投资人，他投资的是人。他只说了一句：“你干，我也干！”

18 个月后，我的女儿降生，我觉得可以加快工作进度了。我在斯坦福大学商学院某论坛上发了一个帖子，询问有没有人认识直销业的人。一位婚礼频道网的前员工认出了我，介绍我跟迈克·洛纳认识——原来迈克也是斯坦福大学商学院的校友，他曾经是价值 10 亿美元直销公司的首席执行官。

跟迈克在电话上聊了 1 个小时，我告诉他，明天我就坐飞机去找他。见面后，我解释说，我的小女儿塔特才 6 个月大，所以我得兼顾事业和家庭，并且很需要他的帮助。虽然我现在雇不起他，但他可以做投资人。我们联手，什么伟大的事业做不成？我一定说到做到，让这个决定成为他做过的最好的商业决定。谢天谢地，他同意了。

2007 年 3 月，迈克正式成为我的投资人和合作伙伴。他是一个非常活跃的董事会主席，这些年来，他总将 Stella & Dot 放在第一位。他教会了我一切直销知识，最重要的是，他让我知道了什么是非凡的人。

好人吸引好人。迈克·洛纳加入奢华珠宝的消息立即吸引了丹妮尔·瑞德纳的注意，丹妮尔是迈克上一家公司的加拿大总监，她就是前文提到的从奶牛场走出来的那位超级培训师。她对迈克说，她也想做饰品直销的生意，迈克向她介绍了我们公司，于是她“追踪”到我，问我愿不愿意把业务拓展到加拿大。我们目前连美国市场都没做成熟呢，这么快就开辟国外市场我连想都没想过。然而，跟丹妮尔通话 1 个小时后，我被这个女人打动了，她太棒了。迈克和我都认为，这次决定就算是为了跟她合作而开辟一个外国市场，也是值得的。于是，奢华珠宝在加拿大开了分公司。这是一个超级棒的决策，丹妮尔就是这么非凡。

有了迈克和丹妮尔的加盟，我们的团队在逐渐成形，然而一个关键人物依旧缺席。那款“美丽人生”项链非常畅销。在首饰制作派对上，顾客往往偏爱手工饰品，但纯手工饰品很难进行批量生产，也不是人人都能驾驭手工制作。生意在增长，但如果我们专注于提供时尚、中档价位的现成品，生意就会增长得更快。因此，我急需一位全职合作伙伴，专攻中档价位饰品设计。

在查德的大学同学十年聚会上，查德跟一位同班同学相逢了，她就是布莱斯·亨伍德·哈里斯。她最近忙些什么呢？她忙着开发“香蕉共和国”的首饰业务呢，这也太巧了！于是查德建议她与我见一面。

布莱斯欣然应允，虽然她猜测这可能只是另一位首饰设计师想向她推销首饰而已。第一次会面，我们约在盖璞食堂吃午饭，我了解到布莱斯有超凡的背景，我非常确信她有能力将公司提升到一个全新的高度。

不巧的是，当时布莱斯即将步入幸福的婚姻殿堂，她从事的也是她梦想中的工作，所以我以整整一年的“求爱”行动成功挖了墙角（这就是坚持的力量）。

论创意天赋、论成就，布莱斯都是极端的“异类”，但这并不是我选择她的唯一原因。布莱斯是我见过的最了不起的人之一，她风趣幽默、可爱甜美、才华横溢、充满激情，她深深认同帮助女性获取财务自由的公司使命，正是共同的理念让我们走到了一起。

作为创业者，布莱斯立志重塑传统零售业，她知道中档价位饰品是一个潜力巨大的市场，她也深知传统零售商店把饰品锁在玻璃展台里销售的局限性。之后，她不仅成为公司的首席创意官，还成了投资人、合伙人。为纪念祖母，布莱斯和我把公司更名为“Stella & Dot”。

我和布莱斯是真正意义上的合作伙伴，因为我们的合作成果远远大于“一加一等于二”。在过去 8 年的并肩作战中，我们亲密无间地构想每一个品牌，用全部经验、梦想浇灌我们酷爱的事业。

毫无疑问，如果没有这一张张“多米诺骨牌”和关键人物登场，Stella & Dot 就不会是今天的样子。我的每一次成功都得益于这三者的总和：自身的努力、天才队友的努力以及我们之间相互的爱、信任和尊重。

有一次，我和珍妮在看纪录片《齐格弗里德和罗伊》。这对“白老虎兄弟”分享了他们的搭档经历，还提出了一个耐人寻味的问题：“谁是魔术师？谁是魔法？”珍妮和我也回答不出这个问题，但我们用拙劣的德语发音告诉对方：“你就是魔法！”今天我依然认为，之前所有与我合作过的伙伴们都是“魔法”！

想想看，你身边的事业伙伴是怎样的人？不要像投骰子一样选合作伙伴，要主动去寻找最好的、你认为是“魔法”的合作伙伴。

别让说“不”的人坐在前排。

奥斯卡·王尔德说过：“绝不要爱上一个认为你很平凡的人。”这是至理名言。生活在能看见你的非凡的人中间，你才会看见你的非凡。想必你也遇到过说“不”的人、消极的人，他们并不是坏人，但你会觉得他们在拖你下水，而非帮助你提升。谨记，你要明智选择所交往的人。

别让说“不”的人坐在前排。

说“不”的人不会绝迹，但你可以不让他们坐在前排。我身边偶尔也会出现这种人，他们会搞得彼此都很累，连带祸害其他人。给说“不”的人下“逐客令”虽然伤和气，但彼此分开有利于世界和平。这方面我是有过教训的，要知道，允许消极的人留在身边简直就是一部灾难片啊。

有时候，哪个人“有毒”一目了然，比如我就遇到过酒鬼会计师、谎话连篇的人事专员、偷东西的员工等。好人也可能做出恶劣的事。有时，社会文化和职场大环境也扮演了“教唆者”的角色，诱使他人行为不端。虽然问题的根源很复杂，但当你的公司出现了小偷、骗子和玩忽职守者时，是否应该将其辞退是不言而喻的。

此外，你需要格外小心的是另一种人，他们虽然有很多可爱之处，但他们也能制造旋涡把队友们拖下水。这种人如何辨认呢？跟他们相处后，你通常会感到自己的激情变少了，能量下降了，积极思维少了，消极思维却多了，你开始关注问题本身而非寻找解决办法。这种人的消极思维模式就像是一个黑洞，吸引你的大脑向它靠近。在这里，消极吸引消极，“同病相怜”。

我们没必要指责，也没必要给他们贴上“坏人”的标签，也许他们只是暂时心情不佳、时运不济。但你一定要把他们请出前排，与其保持一定距离。

我不是在教你抛弃处于危难中的家人或朋友，也不是让你给偶尔不顺心的人贴上消极的标签。我的意思是，你应该少跟那种喜欢鸡蛋里挑骨头的人讨论你的新方案，你应该跟总是吐槽老板而非热爱工作的同事减少吃饭次数，你还应该跟总爱批判人、和他人闹矛盾的朋友减少相处。当然，如果你的恋人经常打压你，那么我也劝你另寻新欢吧。

发现别人的好

人无完人，世上没有绝对可爱的人。朋友、家人、合作伙伴和同事都可能会冒犯你或做错事，你不应因此疏远他们，而是要努力减少自己消极反应的次数。以消极态度对待他人是无用的，你可以试试把他们想象成孩子——我没在开玩笑，我真的会把他们想象成一个个柔弱无助的孩子。我相信“人之初，性本善”，他们的消极态度或行为可能源自内心的不安全感或对认可、爱和成就的渴望。摆在你面前的是两种选择：选择去放大他们的消极特征，让这些消极特征越来越明显；或者选择去寻找他们的积极特征，只要你有耐心，就一定能找到。

成为你想追随的领导者

无论是经营公司还是经营家庭，即使你没有一官半职，你依然是一个领导者，全世界都在等着你发出指令。并非只有首席执行官、家长教师联谊会主席、姐妹会主席才是领导者，无论你身居何位，你都在领导着身边的人。你应该承认自己是个领导者，为自己的影响力负起责任，想一想如何成为一个能给身边人带去积极能量的领导者。

我就是个能量很强的人，而且我在“照耀”别人的时候能量最强。创业者都有特大号的英雄情结，这也情有可原，因为创业伊始，没有人能代替创业者做事，创业者是单打独斗！后来生意慢慢做大，创业者开始雇人了，这时创业者对成功的定义也得与时俱进。成功不再意味着自己搞定一切，而是培养人、授权给他，共同推进事业。

我在婚礼频道网工作时，还不懂这个道理。一年之间，我们融到 4 000 万美元的风险资本，公司从 2 名员工增加到 140 名员工，我突然发现自己站在了领导者位置，可当时我根本没准备好。

我的头等大事是兑现承诺，满足顾客和投资人的期望，否则公司就破产了，所有员工都要卷铺盖走人。当时，成功的指标是吸引顾客的眼球而非盈利，我们像在参与一场“疯狂兔子”赛跑，同时市场竞争也已白热化。终于有一天，大家集体清醒了，看清了硅谷的非理性繁荣、烂方案都能融到巨资的真相，裁员也接踵而至。而且，一方面二手的艾龙办公椅和乒乓球桌非常便宜，另一方面我这个领导者做得非常艰难。

你是领导者，全世界都在等着你发出指令。

当时，24 岁的我还没有丰富人生阅历赋予的高情商。我非但没有给员工抚慰、鼓励，反而拔高了标准，扬起了鞭子，每一个细节我都要干涉，我觉得一切都不够完美。我没日没夜地工作，不理解为什么不是所有员工都有我这样的敬业精神。

让我骄傲的是，公司活下来了，还活得很好，但我的领导“劣迹”实在让我羞愧。在压力增大的时期，领导者更应该以最佳状态而非最糟状态示人，领导者对团队成员的影响力最大，大家需要被积极能量提升，而不是被消极能量打压。

如果你也认为自己的状态糟糕，那么我建议你想一想，你的领导对象是谁？是家人？是团队？还是社区？站在他们的立场，想想他们需要什么，这样你就能成为你想追随的领导者。

做自己

我们考虑让 Stella & Dot 拓展全球市场时，我想亲自验证一下我们的产品和销售方法是否也适用于欧洲女性。于是，我四处打听伦敦的熟人，试着预订了几场品牌秀，想亲临现场去体验欧洲市场与美国市场有何不同。

到达伦敦后，我跟当地的律师接上了头，打听拓展欧洲市场的相关法律问题。我向她解释说，我们不仅做销售，还做服务，我们的设计师会给每一位顾客个性化的搭配建议。分别之际，我正要跳上出租车奔赴第一场品牌秀，这位女律师突然给了我一个忠告："英国女人非常保守，你最好不要给她们太多建议，她们不喜欢，那样太美国味儿了，自然点儿好。"

我心里咯噔一下——果然，我成了令人反感的美国佬了？我从不向顾客强势推销，但我希望告诉顾客什么饰品适合她的个人风格、肤色和体型。根据我的经验，所有女性都超爱这种推荐方式。

来到品牌秀现场，我谨遵律师忠告，废话一句不说，让顾客随意浏览饰品。我看到一位女士，她蓝色的大眼睛透出困惑的目光，想必是众多选择让她眼花缭乱了。我忍不住向人群小声说了一句：

“蓝眼睛的女士戴这条项链不错，能衬托您的明眸。”这是谁的声音跟蚊子似的？我扑哧一下笑出了声，管它呢，我就要做我自己，我觉得怎么对就怎么来。

我对大家宣布：“女士们，有件事我必须坦白！我的律师劝我千万不要给你们搭配方面的建议，可是我控制不了自己！我看着眼前这位梅丽莎女士，她蓝色的大眼睛那么迷人，我就真的想看看她戴上这条绿松石项链的样子！如果你们不喜欢我这么直接，那么没关系，你可以拒绝我，但我真的想给你们最地道的 Stella & Dot 体验，包括我会明确告诉你们哪件饰品能让你们看上去更美。帮帮我，跟我说实话，你们真的受不了美国味儿吗？”

做回自己，能让我放松开心；当我放松开心了，其他人也就放松开心了。你猜怎么样？3 天 5 场品牌秀，我一共卖出了 17 000 美元的饰品，这就是做自己的魔力！

我发现，虽然国与国之间有文化差异，但同为女性，我们的共同点大于差异。女性大都喜欢跟其他同性闲聊八卦，把自己打扮漂亮就会很有自信、很开心，最重要的是，以真诚换真诚是女性之间最好的相处方式。

如今，我已在德国、法国、爱尔兰、加拿大、英国做过品牌秀和培训会，产品风格会稍有改变，但我始终在做自己。

我的心得是，每当你觉得尴尬或不自在时，就大胆承认，试着用诚实、幽默和一点儿脆弱化解紧张。你何必独自纠结？如果你开口，大家就会帮助你，欣赏你的诚恳。模仿别人是最拙劣的策略，虚假会令人倒胃口。只有自在、骄傲地做自己，你才能拥有非凡的人生。

非凡领导者的六大特征

1. 仁爱友善。真诚鼓励他人做最好的自己。

2. 有敬业精神仍不够，还要视工作为真爱。领导者决定了大家奔跑的速度，而跑赢则需要持久的高速和终点的全力冲刺。别指望别人比你自己更上心、更拼命，你要付出、付出、再付出。

3. 拥有狼一般的目标导向。有目标才可能实现目标，跟人分享你胆大包天又具体明确的目标吧，为自己和团队树立靶心。

4. 积极，自信，别太戏剧化。设定正确的基调。如果你是积极的、自信的，其他人就会感应到你的频率，愿意用积极与自信回应你。如果你想看到进步、激情，就关注进步、激情，别太戏剧化。有话当面讲，杜绝背后议论他人——确保团队成员都遵守这一规则。

5. 做自己，有自知之明。你一定要做自己，你也一定要尊重他人的个人信念，留意别人对你有何期待。做自己和尊重他人之间并不矛盾，别把“做自己”当作为非作歹的借口。

6. 更在乎把事情做对。跟别人相处，别总强调你是对的，重要的是把事情做对。我说的不是道德上的是非对错，而是“我告诉过你吧，看我多么聪明、正确”这类话题。

鼓舞人心

> 若要走得快，独自前行。
>
> 若要走得远，结伴同行。
>
> ——非洲谚语

一个伟大的领导者会有意识地用积极能量鼓舞人心。这听起来很高大上，也很清晰明了，但做起来可不容易。你每一天都在领导身边的人，无论你是否意识到，也无论你是否喜欢。这份责任有时会让你感觉是种负担，直到你不再哭哭啼啼，意识到能够影响别人是一种多大的荣耀。生命的意义不就在于此吗？你不再是他人生命中的一名过客，你塑造了他人，他人也塑造了你。

我不是天生的领导者，但我愿意学习。生了孩子以后，我上班时总想超高效率完成工作。我能迅速搞定五花八门的任务，可这并不能让我表现非凡。我太在乎搞定某项任务，却忽略了如何做一名大家愿意追随的领导者。比如，当某人半天都没想出正确答案，我就会直接把答案给他，然后继续下一项任务。这导致别人有了问题都来找我解决，我的时间全用来亲力亲为了，忘记了身为领导者我更应该去培养员工、激励员工。

我走了很多年弯路，但我的重心最终从“刚才那 60 分钟的会议我搞定了什么？”转移到“我培养团队了吗？我离开房间时团队成员是什么感觉？”我从未降低对自己和团队的高要求，“赢”依然是 Stella & Dot 的目标，我只是更擅长“传球”了。

有时，我发现自己仍有点儿欠缺沟通技巧，尤其在频繁出差、睡眠不足时。当A时区的我回答B时区的电话问题时，疲惫的我就容易出言不逊。现在，我会学着关注自己的反应。如果3天飞了3个城市，那么下了飞机我不会立刻去办公室，深夜也不发邮件，而是和员工面对面、平心静气地提出反馈意见，因为这样更能鼓舞对方。

如今的我依然在摸索，但进步已经很大了。我们都是一边犯错一边成长。可可·香奈儿说得好："我只不过是一堆缺点被善意地编织在了一起。"

用积极的能量鼓舞人心会让这个世界更美好。也许你觉得根治癌症或解决全球变暖才称得上是"让世界更美好"，但万一你短期内不计划改行呢？你为什么不从小事做起，对每天接触的人施加小而美的影响力呢？这样做，你不用多付出一分一秒，或许还能节约时间，因为闹剧、纷争少了。每天让一小部分人变得快乐一点儿，世界不就更美好了吗？

经常问问自己："今天，我让别人有什么感受？"

- 通常，当你离开一个房间后，大家是什么感觉？活跃？兴奋？专注且清晰？受到批评和指正？迷糊？困惑？无聊？消极？还是他们根本不记得你来过？
- 同事问你问题时，你是在认真倾听，还是在用手机查看邮件？
- 在派对上跟人聊天时，你是兴致盎然地问对方问题，还是左顾右盼期待更有趣的人出现，还是只想谈论自己？

- 配偶下班回到家时，你会停下手里的活儿，看着他的眼睛分享这一天的趣事吗？
- 你善于创造跟孩子的美好回忆吗？哪怕只是某个小小的时刻？

以上问题的答案不能令你满意吗？别垂头丧气，拿出点儿好奇心！人无完人，再出色的人也有表现失常的时候。保持积极心态，用好奇心观察表现失常行为背后的根源，你会转变得更快。想想看，你这是酒精作用下的冲动行为吗？你是缺乏睡眠导致脾气暴躁吗？你是缺乏锻炼使压力无从排解吗？着手去改善，下一次你会表现得更好。

寻求同情是平凡者的游戏

如今，每个人都成了自媒体——你可以发帖子、发微博，员工可以一键“回复所有人”，朋友圈上的好友可以相互“点赞”与“分享”，中学生在手机上的群聊越来越热闹。这些都是自媒体的不同形式。在今天如火如荼的社交媒体文化中，我们更愿意在线与一大群人同步交流，而不屑跟一个人面对面交流。我想问你：你的指尖敲打出的文字，都是经过认真思考的吗？

在你按下发送键前，你考虑过你的观众吗？你等于是抓起麦克风，占据了整个舞台啊。

用几分钟时间思考一下你即将传播的信息是

> 什么性质的？积极的？消极的？你想跟大家分享每一天的每个念头，这可以理解，但是你的烦恼、阴暗心理、消极情绪真的有必要公示天下吗？如果你真的需要倾诉，就私下跟几个能帮你解决烦恼的人倾诉。倾诉你的烦恼时，记得你是要寻求解决办法，而不只是寻求同情。同情需要对方设身处地感受你的烦恼和消极情绪，你真忍心对别人这么残忍吗？

学会倾听

我有个毛病——脑子和嘴都转速极快。有时，这种激情和表达欲望会吞没其他人的声音，让两个人的交谈变成我一个人的独角戏。只用嘴不用耳，就丧失了学习的真意。上天赐予我们两只耳朵一张嘴，所以我们应该多听少说。

今天，你用心倾听他人了吗？你在认真听他说些什么，还是忙着思考你要如何回应？在一次只有高管参加的活动中，我领悟到了真正倾听的价值。我们两个人一组，做法很简单：不打断对方，让对方就“什么对你最重要，你正在想什么”这个话题讲 3 分钟。我的搭档是好友戴夫·古德伯格，他是一位连续创业者，调查猴子公司的首席执行官。戴夫的超能力之一是他天生的人际交往能力，多年来他给了我很多关于领导艺术的真知灼见。

在倾听过程中，你不能做出回应，即使对方讲完了你也不能做出回应，你的任务就是纯粹的聆听。我注视着戴夫，静静地听他说话。我发现，与其给予对方你的评论，不如给予对方你的能量、你的关注，这种感觉更美妙。没有干扰的情况下，真正的倾听变得如此容易。

对方讲话时，你会很想插一句，问一些相关问题，这不是打断别人，而是表明你的好奇心，难道不是吗？大错特错！这也是打断别人。可这是表达认同啊，是一种善意，难道不是吗？大错特错！插播一个你也曾感同身受的故事也是打断别人。当你强迫自己什么都不说，让对方一直说下去时，对方就能说得更深入、更真实。

3 分钟倾听结束，我了解到一个真实的戴夫，这 180 秒竟然比 6 个月的鸡尾酒会上的肤浅交谈更有价值！戴夫从接待妈妈来访的注意事项，说到爸爸去世带给他的感伤，又说到对妈妈孤身一人居住的担忧，最后他意识到自己想跟妈妈住得更近的渴望。

如果我们没做这项练习，他一提到妈妈来访，估计我就会问："噢，是吗？她老人家住在哪儿呢？你多久探望一次？"我们的对话将停留在肤浅层次，我不会有幸听到他的情感和思想的深层分享，一次非凡的心灵交流将被我无意中带偏到一个非常平庸的位置。

接着，轮到我讲话、他倾听了，我感到很放松、很真实。6 分钟的交流质量竟然如此之高！俗话说"一张图胜过一千句话"，真正倾听对方 3 分钟则胜过你说 100 万句话！

我不是让你变成心理分析师，不停重复"嗯，嗯，你能详细说说吗？"你只需留意你在对话中"霸占"的空间即可。

那次 3 分钟的倾听练习后不久，戴夫意外辞世。我多想再听他讲3分钟啊！他天生就懂得如何真正倾听。虽然这个愿望无法实现，但我一定不会忘记倾听的力量，让每一个与我交流的人都获得真正被倾听的美好感受。

敞开心扉，多多沟通

Stella & Dot创办初期，我的女儿塔特才刚出生，夏洛特才刚刚学步。如果你问我当时有什么爱好，那么我会笑着告诉你：涂色、看《爱探险的朵拉》、玩波莉口袋娃娃以及把每一部动画电影看50遍。所以，如果我告诉你，我最喜欢的领导力名言出自电影《虫虫危机》，也就不足为奇了。蝗虫领袖哈普对蚂蚁公主说："公主，领导力的第一条法则是：永远是你的错。"

永远是你的错。这种压力太令人窒息了，是吧？所以你不能让这种压力吞噬你，你不能像热锅上的蚂蚁一样急得乱爬。

作为领导者，你不能太敏感、太有戒备心，你也不能不爱听别人的反馈意见，这样会限制你的成长。若要成就非凡，你就必须脸皮厚一点儿。

放下压力。记住，我们都在经历各自的生活，不可能每时每刻要求每个人都做到正确完美。你要向着更好努力，搞砸事情也要有胆量承担后果，要知道，这并不意味着世界末日。

我的性格特征之一是我很看重"掌控力"，当坏事发生或一段关系破裂时，我愿意为此受到责备，因为我更倾向于认为是我导致了这些坏事的发生，这样我就能改变坏事而非受制于它。所以，我经常主动去负全部的责任。

听具有建设性的批评从来不是一件乐事，但如果你敞开心扉去接纳，你就会成为更好的领导者。我从批评中收获了许多“宝贝”。当你从很多人的反馈中发现同一个主题时，这个批评就是值得你留意的。

当然，有的反馈是正确的，有的反馈则纯粹基于偏见。我对受害者心态的抵触让我有时无视这一事实：相较男性领导者，人们更倾向于批评女性领导者。偶尔我也会心里嘀咕：“如果我是个男人，那么人们是否会说我‘强大’‘果断’，而非‘苛刻’‘咄咄逼人’呢？”

毫无疑问，如果你是一个女性领导者，那么你的强硬性格往往不招人待见。我努力在强硬和温柔中找到平衡，但我绝不会掩饰自己的真实想法，我会有话直说。

挺身而出，你会中几枪，但这几枪到底让你感觉有多痛是取决于你自己的。换句话说，让仇恨者仇恨去吧，创造者仍要坚持创造。

与人沟通的非凡方式

- 保持现在的状态。听多于说。
- 消除误解。如果对方的话语让你觉得不舒服，就坦诚、友善地说出来：“你知道吗，说起来我都觉得滑稽，但我有一种奇怪的感觉，我的理解是……你是怎么想的呢？”
- 不要八卦。当面交谈，不要背后议论别人，表达你想表达的，但别恶语伤人。
- 停顿并倾听。表达自己观点时，学会停顿和等待。别用喋喋不休掩饰紧张，别怕冷场，你完全可以停顿片刻，认真倾听。如果有人问你一个问题或与你分享一个见解，那么你可以把对话带到一个更有趣的方向。

• 判断人，动机重于结果。做一个善良、宽容的人。你越能理解、包容别人，在你搞砸事情时，别人也越能理解、包容你。

• 认可别人的成果。给予别人认可，这不需花费你一分一毫的精力，但其力量是巨大的。当你看见他人的成绩时，就大声地当众给予其认可。当你看见他人的错误时，就不要当众指出——这么做也许更省事、更高效，但杀伤力太大。

• 做自己。坦率说出自己真实的想法并不会让每个人喜欢你，但这也没关系。如果你的目标是让每个人都喜欢你，你就无法活出真正的自己。如果你被大多数人喜爱，那么这表明你是出色的；如果你被所有人喜欢，就意味着你是被“稀释”过的，是人们口中的“老好人”。

第7章　锁定目标，让自己更加坚毅

> 我要毁掉这些垃圾，直到我粉身碎骨。
>
> ——说唱歌手阿姆

在创业早期，我想，如果我哪天写一本书，那么一定像苏斯博士说的：“这里有问题，那里有问题，到处都有问题！”说得太对了，我的成功之路上铺满了失败、挫折和每一种你能想到的难题。

如果你已经找到了内在的激情，下定决心要做真正有意义的事，持有积极的心态并获得了贵人的帮助，那么祝贺你，你的非凡之旅已经启程。但别高兴得太早，你还需要非凡的耐力才可以走到终点。

梦想很远大，你的职业精神和意志力也要很强大。绝不要认为成功是少数特权者的专利，绝不要认为成功只属于从不失败的人，成功属于坚毅的人——那些失败之后勇敢地爬起来抖抖尘土、再试一次的人。

这是不是说，想要成功你就一次也不能放弃呢？非也。当塔特想放弃上钢琴课时，她对我说：“妈妈，我不想做轻易放弃目标的人，但我真的想放弃。”我懂她的感受，这种感受很普遍。有很多事情你想要甩手不干，但有的事情你真的应该甩手不干。如果有的事情你并非真的在乎，宁肯舍弃，那就别犹豫，赶紧放弃它。事实上，你必须舍弃那些不怎么重要的事情，才能专注于重要且非凡的事情。依照你的价值观和目标去生活，对一部分事情有所放弃是完全正确的。

你必须决定哪些事情在“绝不放弃”的列表之中。对于我，与家人共处的高质量时光和事业成功排在“绝不放弃”的列表首位。即使在奢华珠宝创立初期，当别人都看不到成功的希望时，我仍坚信成功必将到来。为什么？因为我早把放弃这个选项消灭了！为此我不得不放弃很多其他次重要的事情。

举个例子吧，查德和我一直都想学音乐，有一年他过生日，我买了两把吉他，请了一位摇滚乐手“绝妙朱蒂”（她真叫这个名字！）每周给我俩上一节课。每周三晚上 9 点，等孩子睡着，我和查德的二人乐队“查西卡”（聪明吧？）便开始了排练。查德弹得相当好，而我弹得那叫一个糟糕。

几个月后，我终于学会弹奏绿日乐队的《碎梦大道》（半首），歌名和我的经历多么贴切！但绝妙朱蒂“开除”了我，因为我的课下练习次数为零。说实话，我感觉如释重负。我认为弹吉他很酷吗？是的。绝妙朱蒂弹得真绝妙吗？是的。我真的在乎学习弹吉他这事儿吗？不。

到底怎么回事？因为我不愿意坚持学吉他，所以我放弃了。这对我来说是一个明智的举动，因为我需要放弃吉他，以便坚持我更在乎的事业——我的初创公司。照顾家人之余的一切空闲时间，我更愿意用在推进工作上，而不是练吉他上。

选择你在乎的，然后满足于你的选择。不要为没做出选择而遗憾、痛苦，而是要专注于你最想要实现的目标，并从中获得喜悦。你的人生目标不是一张购物单——一边逛超市一边把商品随意放进购物车。为了实现非凡人生，你必须有所放弃。对于我，走进坟墓前我都不会弹另外半首曲子是我完全可以接受的事情。

别放弃你最想要的东西。你害怕自己达不到，所以不敢设定远大目标。你摇摆不定、小心翼翼，所以你把目标设定得很低，猜猜怎么样？你达成低目标了。可你为什么不给自己更出彩的机会，坚持久一点儿去达到一个更高的目标呢？

你的目标应该让你有不适感，它应该能够考验你的耐力和坚毅力。这个目标能让你这么想：“哇，我不清楚究竟要怎样实现它，但如果实现了，那么我的人生该多么非凡啊！”然后你开始动起来，在行动中寻找方法。

最近，我的一个小伙伴陷入了沮丧，她没能入选心仪的舞蹈队，被其他候选人比下来了，她觉得这是个预兆，预示她永远比不上别人，她应该立刻放弃！我告诉她，失败感这种情绪其实是成功的要素。正因为我之前失败的次数多于常人，我才知道我现在是成功者。偶尔失败几次实际上是好事！当你面临失败的风险时，说明你在高层次竞争，玩儿的是高水平游戏。

我认为，我们的社会过分执迷于“人人都是赢家”的理念，尤其对孩子有些过分呵护，总是小心翼翼，确保没有一个孩子是失败者。如果孩子输了一场足球赛，或输了一场模拟庭审辩论，我们就都害怕这会给孩子的自尊心造成无法修复的伤害。这种观念简直荒谬！在我看来，我们应该害怕的是过分呵护孩子的后果——剥夺他们面对挫折锲而不舍的能力。我们应该相信自己的孩子足够强大，足以应对失败的打击。难道不该如此吗？失败是一项必备的人生生存技能，孩子们需要学会接受这个事实：并非你每一次都能戴上胜利勋章。是的，失败的滋味不好受。你不喜欢失败的滋味？那就努力再努力，争取下一次做得更好。非凡人生就是这样成就的。我很纳闷，从什么时候开始，“好家长”的定义变成了替孩子包办一切、满足孩子的一切需求？虽然我的孩子都是自己的事自己做，但我依然忧虑，她们现在享受的种种优势会不会成为她们未来成就非凡的最大阻碍？我不希望我的宠爱剥夺了她们拥有坚持、奋斗的好品质的机会。我经常对女儿说，如果你想得到某个东西，那就努力去争取，成功不会自动来到你身边。我也不希望我的成就剥夺了她们对成功的渴望的情绪，她们必须自己挣扎、自己奋斗，才能变得越来越强大。

以前，我送女儿参加过一个夏令营（现在不去了），在那里，人人都是赢家，每个人都能得到小红花。我的朋友珍妮也是失败的“铁杆拥护者”，她打电话咨询夏令营的情况时，问的第一个问题就是：“你们那里有输家吗？有？很好，我想咨询一下。”

请你扪心自问：当你遇到挫折想要放弃时，是因为你真的不在乎这个目标，还是你太脆弱？别以为换个新目标就容易了，那只会让你越来越习惯放弃，那么你离成功也就越来越远。激发你内在的创业精神，用好奇和投入代替挫败。你需要做的仅仅是坚持。

你比你想象的更坚毅

我有幸见证过许多平凡的人在逆境中创造非凡人生的成功事迹，他们的成功源于内心的力量和坚持。

辛迪是一位典型的家庭主妇，40 岁出头，住在俄亥俄州。她有 3 个女儿。她加盟 Stella & Dot 的那一年，她的女儿们分别是 9 岁、11 岁和 14 岁。她的主妇生活包括料理家务、送女儿参加体育训练、参与女儿学校的家长会活动。她说："我们家是典型的中西部美国家庭，丈夫赚钱养家，我满足于做一个勤快的家庭主妇。"创业两年后的一天，丈夫突然对她说，他就职的房地产公司卷入了一场民事诉讼。辛迪心想，没关系的，他换份工作就行了，有本事不怕没钱赚。

然而世事难料，民事诉讼变成了刑事诉讼，警方逮捕了她的丈夫，判决结果是8年有期徒刑。一夜之间，她的完美人生变成了噩梦。

面对巨大的生活变故，辛迪可以选择懦弱、愤怒、痛苦、仇恨，她可以在巨大的不公正遭遇中沉沦、一蹶不振，她甚至可以一走了之，逃离那个城市和认识的人。但她没有。她想的是，在丈夫服刑期间（是的，她选择忠于婚姻）她该如何满足女儿和自己的生活需求。

之后的 5 年里，辛迪通过卖饰品赚了 100 多万美元，她不仅做到了独自养家，还还清了房贷，支付了所有账单，并且开始给两个女儿支付大学学费。这时，辛迪的丈夫得到了假释机会。他出狱时，在监狱大门口迎接他的是一个与过去截然不同、更加出色的妻子。辛迪说："这一路充满崎岖，我们家显然已经不再是一个传统的美国家庭了。但如果没有这场人生剧变，我绝不会像现在这样自信，相信自己拥有强大力量。”

令人惊叹的是，在这5年里，辛迪也经历了一场个人蜕变，她成功地减掉11公斤！她意识到，她不仅要照顾好女儿，还要照顾好自己。她改变了自己的饮食习惯，吃得更健康，这让她感受到了前所未有的活力。

我经常发现这样一个现象：一个人在某个方面取得了非凡成就，她的成功之水也会溢出到其他方面。辛迪发掘出内心的力量之井，且水源很深。

你的内心也有一口力量之井。开始这口井的挖掘工作不需要等到你面临危机时，你也不需要节约井水。事实上，你掘得越深，井水用得越多，这口力量之井就越活跃。你为什么不立刻掘井？你是否调用了内心全部力量度过每一天？你还在等什么？

永远努力，没有任何借口。

你成功了，取得了非凡成就，人们总会误以为你是幸运儿，一直顺风顺水。而真相恰恰与之相反，我认识的成功人士大都经历过巨大逆境，正是在逆境中，他们发掘了内心的力量之井，从而实现了他们的成功。逆境是良师，它能教给你关键的人生课，带给你实现非凡人生的力量。

回首我经历的逆境，我仍能感受到其中的力量，而且每一次挑战都是一种选择。我的妈妈有她自己的困扰，这给我们三兄妹的成长造成了阴影，但正是这阴影铸就了我的坚毅性格——那样难熬的黑夜我都熬过来了，还有什么是我不能征服的？

换一种视角看世界

每当我顾影自怜、垂头丧气时，我就会试着换一种视角，提醒自己——我的生活其实并不艰难，很多人的生活比我要艰难得多。回顾我的家族苦难史，我深深地明白，我能来到这个世界，是因为我的祖辈克服了太多艰难险阻，这份坚毅已经存在于我的遗传基因之中。我的外祖母斯特拉是一个如磐石般坚强有爱的女人，她独自养大了 5 个孩子。我爸爸也很坚毅，还有我的祖母安吉丽娜 · 罗莎 · 西卡 · 迪卢洛的顽强深深激励着我。

你能猜到安吉丽娜是意大利人吗？她就像《托斯卡纳艳阳下》里的诺娜——她个头不高，只有 1.52 米，她喜欢身穿连衣裙和茶色连裤袜，90 多岁了还要每天涂口红。她有很多圣母玛利亚的塑料雕像。祖母年老时跟我们一起生活，我会在母亲节送她鲜花，外加一个耶稣或玛利亚的小雕像。她会欢喜地把雕像摆在梳妆台的花边布巾上，像任何一个慈爱的意大利老祖母一样。我爸爸曾试图扔掉这些雕像，她便急得大喊："拉瑞，你在干什么？怎么能扔掉上帝！"我的祖母安吉丽娜是个非凡的女人，她对家人的爱和对待她的信仰的态度一样坚毅。

在我看来，祖母是坚毅品格的终极化身，她经历的苦难是大多数人无法想象的。1909 年，她出生在宾夕法尼亚州阿巴拉契亚山脉的采矿小镇奥立芬窑，她的爸爸是一名煤矿工人。1913 年，祖母的妈妈和妹妹突染流感去世，4 岁的她跟随爸爸回到了意大利。

因为无法独自照看 3 个孩子，祖母的爸爸带着孩子们乘船回到意大利，想让他的妈妈帮忙照看。不幸的是，等他跨越海洋回到老家时，他妈妈也去世了。祖母的爸爸很快再婚，并参军远走他乡，后被关押为战俘。祖母安吉丽娜跟苛刻、邪恶的继母一起生活，还要照顾弟弟妹妹。

之后，祖母的爸爸经历了九死一生逃回了家，开始跟表哥在附近山上伐木谋生。继母又生下两个儿子。祖母安吉丽娜上学到小学四年级，然后辍学在家煮饭、做家务、照顾两个同父异母的弟弟。因为买不起足够的牛奶，继母只给她自己的两个儿子喝牛奶，结果安吉丽娜患上了软骨病，每一根骨头都变形了，尤其是腿骨。

不久，继母卧病在床，做家务、煮饭、照顾弟妹的任务全落在安吉丽娜一人身上。你能想象一个 10 岁小女孩，瘸着腿，不能上学，被继母虐待，并且不得不照顾两个同父异母弟弟的场面吗？这太苦了。我也经历过很多苦，但绝对没她这么苦。

祖母安吉丽娜的爸爸意识到在意大利日子艰辛，机会不多，后来就把安吉丽娜的弟弟妹妹送回了美国，但安吉丽娜不行——她是大厨、管家、保姆，没人能替代她。

她在意大利又坚守了 6 年，1931 年才回到美国，那一年她 22 岁。几个月后，继母去世，意大利总理墨索里尼封锁了边境。要是她再待久一点儿，就没法走了。1931 年正值美国经济大萧条，失业率高达 16%，银行业危机一触即发。不会讲英语的她在一家工厂找了份工，时薪 25 美分（相当于今天的 4.25 美元），她很满足，8 年的辛勤劳动终于还清了她赴美国的船票。没有工会福利，没有茶歇，但她不在乎，她是自由的，她有一份工作，这个国家充满了自由的气息。

又过了 6 年，已经是“老姑娘”的安吉丽娜遇到了意大利男人菲奥里·迪卢洛，她嫁给了他，生下两个男孩儿，大儿子就是我爸爸。可惜幸福太短暂，之后菲奥里突然因阑尾破裂身亡，抛下小学四年级学历、几乎不会说英语的安吉丽娜和分别为 1 岁、3 岁的儿子艰难度日。

她担心如果自己不能养活两个孩子，他们就会被福利院带走。于是，她跟孩子挤一间屋住，把其他房间租了出去，还买了一台缝纫机，白天她做缝纫、熨烫衣服的工作，晚上在一家面包店给甜甜圈里抹果酱。

一个寡妇养活两个孩子确实很辛苦，但她做到了，一家人的日子过得简单而温馨。爸爸常说，祖母安吉丽娜做的面包多么好吃，当学校的修女夸奖祖母给他手缝的衣服多么整洁好看时，他是多么自豪。几十年后，安吉丽娜的两个儿子都拿到了硕士学位，她这一生的最大成功便是把两个儿子都培养成才。

祖母安吉丽娜从来不是一个“受害者”，她发掘到了内心的力量之井，并且依靠精神力量顽强地活了下来。

她没有把教育水平低或生存境遇差作为不努力的借口，她只专注于她拥有什么、能做什么，对每一个与孩子相伴的日子心怀感激，快乐就是她的选择。面对未来，她一定也曾心存恐惧，但她依然用行动证明自己的强大——无论生命抛给她什么厄运，她都能咬牙坚持下去。我很感恩我有这样的遗传基因，有一位这样勇敢的祖母，我觉得自己出身于非凡之家！

每一天都有太多杰出女性的坚毅品格激励着我，她们被命运所迫，不得不面对无常的人生，但她们选择了勇敢，选择了快乐，选择了行动，选择了知足。她们活下来了，并且屹立不倒。你也可以做到。无论你正在面临何种挑战，换一种视角，想一想我的祖母那辈人——她们远渡重洋，为选举权斗争，在战争岁月走进工厂做女工，剪优惠券，养家糊口，这需要多么强大的内心才能坚持下来啊！当你面对挑战时，不妨想想她们受过的苦，如果你能像她们一样坚毅，那么还有什么挑战是你不能克服的？

在挫败中成长

泰什·麦福德成为 Stella & Dot 创业者的那一天，她还看不清未来的路在哪里。她的坚持和自信不仅是与生俱来的，更源于她内心强大的动机。她不满足于眼前的境遇，所以决定用行动去改变。

2008 年，飓风“艾克”来袭后，泰什一家在经济上遭受了严重打击。她和丈夫乔恩以及 3 个年幼的孩子生活在休斯敦，当时那里的经济濒临破产。泰什经营着一家小型婚宴公司，乔恩是某公司的律师，之前他们从未有过生计方面的担心。然而自然灾害过后，当地经济突然下滑，泰什的生意严重受挫，3 个孩子也需要接受特别的理疗，家装贷款的还款压力更是雪上加霜，全家人的正常生活难以为继。泰什知道，她亟须一个“B 计划”。

一天深夜，泰什偶然打开了 Stella & Dot 网站，心里思忖着，“如果我能通过卖饰品每月赚 3 000 美元，就刚好够支付家装贷款和理疗费了”。

这就是她简单具体的动机。她没有犹豫，立刻报名加入。丈夫得知此事后，怀疑地对她说：“你不可能成功的！你要做的事情太多了，根本忙不过来！”但泰什没有被吓倒，她不怕失败，至少她相信自己有能力赚回不到 1 000 美元的前期投资。

泰什立即预约了几场品牌秀来展示饰品。初次试水，她便小赚了一笔。之后，在一场周五晚间的品牌秀上，虽然零零星星来了一些顾客，但她却颗粒无收，一件饰品也没卖出去。

希望破灭了，她开始怀疑自己，想要放弃。第二天早上，她原本打算驱车去四百多公里之外的达拉斯参加第一次 Stella & Dot 培训活动，现在，她还需要去吗？

泰什哭着问丈夫乔恩，她该去吗？出乎意料的是，乔恩鼓励她去，还说：“我知道你很沮丧，可是你想想你那些新娘新郎客户，你有时花了好长时间跟他们聊，最后他们还是选择了别的婚宴公司，让你赚不到一分钱。这件事也一样，你不可能每次都成功的。”

泰什接纳了丈夫的建议，第二天天没亮她就起床，驱车 5 小时抵达了活动现场。在活动中，她结识了其他企业家和迈克·洛纳，她说：“这次活动改变了我的人生，我真高兴自己没有理会头脑中的那些杂音，用感恩的心预约了更多品牌秀，参加了更多培训活动，将高手们的销售经验用到自己的实践中。”她没有多想，而是立刻去做了。

几个月后，泰什的佣金达到每月好几千美元。虽然一开始遭遇阻力，但她无条件地相信自己，相信自己的动机。如今，泰什早已实现每月赚 3 000 美元的目标，加盟 6 年的她已经赚了 350 万美元，单月最高佣金高达 10 万美元。此外，她还赢得十多次费用全包的国外游，并创造出 Stella & Dot 的新历史，成为首支顶尖团队珠宝总监。因为泰什的生意如此成功，所以她的丈夫也辞掉了律师工作，帮她一起干，得克萨斯州盖维斯顿的海边别墅就是他们的家庭办公室。乔恩有着得克萨斯州人特有的魅力和大大的微笑，他从不介意承认他最开始对妻子的怀疑是错的。

为何泰什的故事如此激励人心？因为她没有幻想不需要流汗的成功，没有幻想一夜暴富。有人怀疑，她仍继续努力；遇到挫折，她仍继续努力。她为自己投资，为生意投资，她继续读书，飞到新的城市开拓市场。沮丧失意在所难免，但她没有沉溺于这些负面情绪，她总能把失败带来的挫败感变成继续努力的动力。面对障碍，她坚韧不拔的性格，最终铸就了非凡。

延迟满足

还记得雀巢公司的一则广告吗？广告中，小兔子迫不及待地喝下一杯香浓的雀巢咖啡。研究证明，这只抵挡不住美味诱惑且没耐心的小兔子，很可能不会成为一只成功的大兔子。儿童时期最重要且最难掌握的一课是学会等待，而我们大多数人都不擅长等待（显然卡通小兔子也不擅长），总想立刻得到满足。耐心是美德，好事属于愿意等待的人。

心理学家、哥伦比亚大学教授沃特·米歇尔于20世纪60年代末到70年代初在斯坦福大学做了一系列有关延迟满足的研究。他发给被试儿童每人一个棉花糖并告诉他们："如果马上吃，那么你们只能吃一个；如果15分钟后再吃，那么你们就能吃两个。"（这是著名的"棉花糖测试"，但通常用曲奇或椒盐饼干作为零食。）然后，他跟踪观察这些儿童成年后的表现，猜猜他发现了什么？耐心很重要！等了15分钟的孩子未来在各方面都更加成功，包括学业能力、体重指数和其他各项成功指标。

为什么会这样？这是因为寻求立刻满足的人往往没有耐心培养自己如何在未来获取更多的技能。面对每一个选择，你都该问一问自己：如果我等待久一点儿，更努力一点儿，换一种做法，投入多一点儿，那么会不会更有价值？人生的每一个选择都是一次棉花糖测试。选择当下满足，你可能会在当下得到更多的自由时间和金钱；选择延迟满足，你可能会重回校园、改换专业，学习一直以来酷爱的医学。短期来看，当下的自由时间和金钱很诱人，但从长期来看，哪一种选择对你更有价值呢？当下的钞票，还是几年后的高薪梦想职业?

很多次，我都为了在将来拥有更大的满足舍弃了当下的立刻满足，包括把每一分钱投资到公司用来拓展生意，推迟出差以便陪女儿度过更多高质量的时光。对于我，这比出差带来的立竿见影的业绩更有价值。

只要你问问自己，从长远来看什么更有价值，你就会知道耐心是多么可贵，你也会做出更多正确的选择。

一步一个脚印

实现非凡，不需要你奋力冲击世界纪录，你只需启程并坚持。你要相信平凡人也能做出非凡的事。实际上，平凡人天天都在做非凡事，他们有酷炫的发明，他们创立成功的企业，他们徒步穿越美国，攀登半圆顶，跑完马拉松，完成大学学业，还清房贷，庆祝戒酒 5 周年，庆祝 50 年金婚。每一个平凡人都会深刻地改变另一个人的人生轨迹。

他们一步一个脚印，完成了所有这些非凡之事。

我们的培训副总裁丹妮尔 · 瑞德纳过 40 岁生日时，宣布要做一件惊天动地的事——攀登“非洲屋脊”乞力马扎罗山。她花了几个月时间游说朋友跟她组团进军坦桑尼亚，却无人响应。朋友们的借口五花八门：飞到非洲太贵，训练太费时间，地方太远，恐高，怕身材走样。

听完这些五花八门的拒绝，丹妮尔死心了，这次攀登注定是一次孤独的攀登，好在还有她的丈夫格雷格与她并肩作战。他们报名参加了一个登山队，与一群“怪人”开始了集训。据丹妮尔说，这群“怪人”后来成了她最好的朋友。

然而，即便经历了集训，当丹妮尔在基地大本营醒来的那个早晨，仰望着高耸入云的非洲屋脊，还是吓蒙了。

丹妮尔回忆说：“我在山脚下往上看，问坦桑尼亚向导希戴：‘这么高我怎么爬啊？！’他转过身乐呵呵地说：‘丹妮尔，爬高山和爬小山是一样的，一步一个脚印往上爬啊。’”

出发前，丹妮尔和她的队友每人要填写一张紧急信息卡片，注明哪些情况下需要直升机营救，选项包括恐慌、恶心反胃等，丹妮尔只选了“心脏骤停”一项。用她的话说，“我不会因为比赛困难就退出赛场！”

如果消灭了“放弃”这一选项，那么“坚持”就成了默认动作。

登山过程中，丹妮尔恐慌了，也恶心反胃了，但她不需要直升机营救，她选择了坚持。最终，她成功登顶！她从没做过这么耗费体力的事，也从没给过自己这么珍贵的生日礼物。她征服了非洲屋脊，丈量了自己内心的强大。

制造乐趣，你会爬得更快

有一次，我们全家人远足。天气燥热，我们走了一小时后，环状行程刚好过半，塔特开始抱怨起来。她又热又饿又困，前一天晚上在小伙伴家玩得很晚才睡。

塔特想吃燕麦棒，可我们没燕麦棒了——5 分钟前她吃完了最后一根燕麦棒。这不是饥饿儿童虚弱得走不动道的情况。她说口渴想喝东西，又拒绝喝水。

塔特站住不动，哭闹着要往回走，回车里去。因为环状行程已经过半，往回走其实更远。

我试图跟她讲道理："塔特，最近的路是继续往前走。你刚刚才吃过燕麦棒，不会饿的。如果你真的口渴，那么你可以喝水，水是最好的饮料。"可我讲的道理她完全听不进去。

我又假装严厉："塔特，这儿没有捷径！振作起来向前走！"

我甚至试图用负疚感影响她："快点儿起来，塔特！这对大家不公平，因为你，我们都不能好好远足了！你再这样就不让你去小朋友家玩耍了！"

我又试图讨好她："好啦，亲爱的，妈妈背着你走好不好？"想想背起一个就快在地上打滚的 8 岁儿童其实挺难的。

种种策略都宣告失败，我想出了最后一招——搞怪。

"塔特，我跟你实话实说吧，你是对的，继续走下去我们将面临重重危险。很不幸，我们已经迷路了，我们走进了一片'打屁股丛林'，半人半兽部落就在这里生活，他们长着大猩猩那样的手，像老虎一样潜伏在树后面。看到人类时，他们会狠狠打人类的屁股并且高声尖叫，让你不是死于心脏病发作就是死于打屁股。

咱们今天估计要完蛋了，你和我先走一步，我们在前面保护爸爸和夏洛特，再侦查一下树后面有没有藏着什么怪物。”

塔特止住了哭声，她睁大眼睛，咧嘴笑了。这下她可以躲在树后面打姐姐的屁股了，她兴奋地向前跑去。非常时期采用非常手段，而且这招真的奏效了。为什么呢？因为乐趣奏效了，尤其当路途距离比你预期远太多，而你又绝不能放弃时。幽默也能奏效，有时能让你坚持下来的唯一方法就是制造乐趣。隔三岔五，我们都会想在地上打滚、大发脾气，其实大家倒不如开开心心地宣泄一下，在困境中寻找乐趣。

锲而不舍，必有所得

人生的哪个领域让你感到索然无味？你和爱人的亲密关系陷入了一潭死水吗？你职场失意，只激发了 70% 的潜能吗？你辞职在家照顾孩子，母爱充盈着你心间，但仍有隐隐的挣扎、无聊、疲倦，让你觉得自己“身在曹营心在汉”吗？

实现成功和快乐不需要你彻底改变现状，只需要你最大限度发挥现状的优势。只有当你感到现状是大错特错的，你才需要改变它。锲而不舍不仅包括开创新天地，还包括将你现有的人生打造得更非凡。

日复一日，你对配偶的爱渐渐降温，这不是离婚的理由；年复一年，你对工作的爱缓缓稀释，这也不是辞职的理由。但这是改变的契机，让自己重新爱上对方、爱上工作，让快乐重归心田。我朋友的父母跟我分享了他们幸福婚姻的秘密：非凡的婚姻并不是让你和爱人每一天都疯狂相爱，而是让你们不断重新爱上对方的承诺。

此时此刻，在你的人生中，什么让你感到不光彩？你打算做些什么让自己重新爱上生活，点燃激情？也许这份工作曾让你兴奋不已，今天却如同鸡肋，是什么变了？人？项目？领导风格？工作过程？

不要抱怨，不要发牢骚，想想你该如何改善。用好奇心取代挫败感，开动脑筋，思考你如何制造影响力。是的，你不需要一个头衔或邀请函来做出改变，你就是改变的主体，你要对你的人生经验负责。不是主管，不是人力资源经理，不是父母或伴侣，是你。

锲而不舍，必有所得。若想爬到公司高层，你就要比别人干得更久。弗吉尼亚大学达顿商学院院长罗伯特·布鲁纳通过研究发现，在达顿商学院的毕业生中，有 17% 的人会在 18 个月内跳槽，但仍有 41% 的人在其工作岗位上留守了 5 年以上，而且，升到最高层职位的人不是跳槽者而是留守者。他发现，标准普尔 500 家公司的首席执行官中，有 2/3 是内部任命，任命前的平均留守时间为 12.8 年。

万一错不在你呢？万一问题出在对方身上呢？实际上，任何关系，无论爱情关系、职业关系或社会关系，都是两个人的舞蹈。你说的对，对方应该出点儿力，收拾烂摊子。可是“对”和“有效”不是一回事。与其等待对方迈出第一步，不如问问你能做些什么来改善你们的关系。你不喜欢现在这个局面？那就做点儿什么去改善它。

小心哦，非凡不属于“永不满足”的人——这些人永远觉得别人家的草更绿，他们永远无法真正爱上自己的事情、自己所处的地方。我建议你考虑这么一种可能性：你已经站在了正确的地方，只需要投入激情在既定的目标上，让一切变得更美好，说不定你勤浇水的地方草更绿。

帮助每个人坚持

一年夏天，我给 9 岁的塔特报名参加了一个机器人主题夏令营。刚去的第一天，她兴奋异常，直到教练把她跟一群男孩安排在一组，形势才急转直下。晚上回到家，塔特哭红了眼，哀求我第二天别送她去夏令营。她喜欢摆弄机器人，但男孩们要么无视她，要么朝她扔乐高积木，有时候正好会扔在她脸上。听闻此事，我内心的“母狮”坐不住了，真想一拳揍扁那些小混蛋，可我强忍着愤怒说道：“塔特，这事确实挺糟糕，但你不去就让那些男孩得逞了。”第二天，塔特咬咬牙又去了。夏令营的最后一天是机器人大战，你猜怎么样？她做的机器人把那些男孩的机器人彻底碾压！请原谅我的得意忘形。没办法啊，有些胜利就是令人感到格外甜蜜。

跟你分享这件事不是为了显摆我女儿多么厉害（不过她真的很厉害啊！），而是为了说明一个道理：你自己的坚持很重要，别人的坚持也很重要。

科学、技术、工程、数学领域的世界一流人才的培养关系到一个国家的创新水平和全球竞争力。女性在这些领域参与度极低，性别失衡现象持续恶化。为什么？是因为我们的社会缺乏女性榜样？性别刻板印象？还是工作时间不灵活？

无论原因是什么，我们都应该鼓励和支持更多女性进入科技领域工作。如何做到呢？第一，不让男孩们逼你离开教室；第二，不要因为别人与你不同就朝她扔乐高积木。帮助别人坚持，何乐而不为？

遇到困难不放弃

脚踩几条船会让你觉得自己有选择余地，成功的机会会更大，对吧？但你肯定听过这句俗语吧——同时追逐两只兔子，结果一只也追不到。追逐太多项目标会让你失去焦点，成功更难到来！如果你手上的项目太多，那么当你遇到困难或不喜欢做的事情时，你会很容易从一个项目跳到另一个项目。但是，成功需要的是你的专注，排除万难，奋勇直前，无论好的、坏的、丑陋的东西都吓不跑你。这一条也适用于婚姻、创业、职场、人际关系。遇到困难绝对不放弃，这才是真正的坚持。

持之以恒，你就能跑完全世界

你是不是在想，这些道理都很不错，但我是最不可能跟非凡沾边儿的人了，我没那个天分啊！听了海伦和诺曼的故事，你会改变想法吗？

海伦是一名急救室护士，后来跟小她 15 岁的牙医丈夫诺曼一起开了个诊所。她 55 岁退休那年，诺曼接受了一位朋友的挑战，参加 16 千米长跑比赛，看谁先跑完全程。

有 25 年吸烟史的海伦痛恨锻炼，对体育毫无兴趣。在她出生的那个年代，缝纫、编织以及如何做一名“好妻子”是女孩的学习内容，锻炼肌肉并不包含在内。海伦努力工作，抚养孩子，照顾家庭，体育锻炼从来不是她生活的一部分。

但她不想让诺曼一个人跑，于是同意陪他一起跑。那时，他们住在肯塔基州，锻炼的第一天他们就围着自家房子跑步。她说：“第一天我们跑了 400 米，之后每天递增 400 米。”10 周后，16 千米马拉松如期举行。“我用了两个小时才跑完，跑到终点时，我发誓这是我这辈子最后一次跑步。”她“光荣地”跑到了最后一名。这场长跑唯一让她喜欢的部分是跨过终点线，因为这意味着她可以不用再跑了。

她痛恨跑步，但诺曼很享受。她寻思着，如果自己以后都要陪他去参加赛跑，那么不如自己也好好跑。渐渐地，神奇的变化发生了，她越跑越想跑，最后她发现自己不是为了诺曼在跑，而是为了自己在跑。

66 岁的她在短短 4 个月中，参加了 5 次 160 千米山地越野赛跑。70 岁时，她 6 天跑了 584 千米，相当于连续 6 天每天跑 96 千米。82 岁时，她参加了塔霍湖三日马拉松赛跑，在海拔 1 828.8 米的地方连续三天跑马拉松。今天，她已经跑遍六大洲（就差南极洲），将“退休人士”“前烟民”“曾祖母”“八旬老人”“超级跑步者”“名人殿堂成员”等不同身份集于一身。

89岁的海伦依然奔跑着。你是否还记得她的起点是55年没锻炼之后痛苦的400米？这就是坚持。如果海伦能做到这些，那你又为何做不到？

海伦用双腿迈出马拉松的第一步，但她用意志和心灵跑完了全程。你也可以用这种方式跑这场人生马拉松。

有没有一件事，你想做却又不敢做，认为自己“没天分”“太老”“不擅长”，所以做不到？别信这种鬼话！如果你相信自己，愿意持之以恒，每天前进400米，那么你也可以跑完全世界！

第 8 章　效率：扔掉橡胶球

什么？最后一个要素是效率？怎么不是更性感点儿的词？其实效率很性感，因为实现非凡人生，你不仅要更勤奋，还要更巧妙。

人们经常问我一个问题："你是怎么搞定一切的？"

他们真正想问的是："你是怎么尽到首席执行官、妈妈、妻子的职责，而且仍然游刃有余、不抓狂？"很多人不相信抚养子女、拥有幸福的婚姻、健康的生活、尽情冒险、事业成功是可以并存的。我的回答是：它们当然可以并存。

我保证我不粉饰太平。那么，我从第一天起就能做到游刃有余吗？不！达到这种状态很容易吗？不！你也能达到这种状态吗？能！向着这种状态努力有坏处吗？没有！

的确，我有一个非常支持我的丈夫，但我嫁的并不是童话故事中的完美男人——那种总是把我的事业放在第一位，一日三餐全包，自告奋勇哄孩子洗漱睡觉，睡前还会给我来个足底按摩的男人。

不幸的是，我堂堂的"首席执行官"的头衔在家里是不被承认的，我的家是个"无首席执行官区"。我的丈夫和孩子期待（他们也值得拥有）一个正常的妻子和妈妈。

你也许会想："大姐，你搞定一切多容易啊，你一定有很多下属替你做这做那！你是一个成功人士，总不用自己洗衣服、洗床单吧。”我明白，当一个事业有成的妈妈开口时，批评者总是跃跃欲试的，他们随时准备用“特权”“保姆”“被忽略的孩子”作为回击。

我承认，现在我的确不用自己洗全部的衣服和床单，但我之所以能雇得起人帮我洗，是因为我工作很努力，付得起这个费用，而不是因为我生下来就有什么特权和资源。我的成功不是因为我有资源，我有资源是因为我自己创造了成功。你也可以做到。

跟其他年轻的双职工家庭一样，周一到周五我们会把孩子送到幼儿园。但是，这个决定让我们有巨大的负罪感，似乎我们把抚养、关爱孩子的核心任务都外包出去了一样。女儿塔特刚出生一周，我就抱着她回到了公司，对于刚刚创立的小公司来说，“休产假”这个概念太奢侈。

当时的我既是一位年轻的妈妈，又是初创公司的首席执行官，掌控时间、平衡角色、兼顾快乐和成功，这些都是我面临的课题。我如何在一天 24 小时内搞定一切，还能保持快乐呢?

答案是，通过拒绝，拒绝很多事情。

我不可能搞定一切，我只能搞定最重要的。这个方法很简单——倾听你内心的声音，它会告诉你什么最重要。你在权衡后做出选择时，无须有任何负疚感。掌控人生意味着你能屏蔽所有让你有无力感、无价值感和匮乏感的内心的噪音。你与其浪费时间担心自己不能搞定一切、不能取悦所有人，还不如将时间和精力用在实现非凡人生的目标上。

掌控你的时间

第六个要素“效率”是实现非凡人生的关键一步，而高效的前提是掌控时间。为什么这一点如此重要？当你意识到时间像金子一样宝贵，每一分钟都要精打细算时，才会放弃非必需品，才会把宝贵的时间花在最重要的事上——与家人共处，做最有价值的事。

我们有太多的选择和待办事项，我们像杂技演员，每天都在玩抛球接球，生怕不小心没接住球，摔在地上。告诉你一个好消息，成功不等于你不会掉球，而是你知道哪个球是橡胶的，哪个球是玻璃的。橡胶球没接住没关系，你可以等会儿捡起来，没有任何损失；但是，千万别掉了玻璃球！

再告诉你一个好消息，掌控时间并非是少数幸运儿的天赋，而是一种可以熟能生巧的技能。任何人都可以从注意力分散的手忙脚乱者变身为“效率忍者”。偷偷告诉你，我也曾是一名浪费时间的“高手”——我不是浪费时间去看真人秀，而是我愚蠢地认为自己的时间并不宝贵。

平衡工作与家庭的关键，在于能够辨别出哪个球是橡胶的，哪个球是玻璃的。

在婚礼频道网的日子，我没日没夜地工作。24 岁的我，手下有一群人等着我发工资。我极度渴望成功——为了自己，为了团队，所以，我不加班谁加班？我认为，如果我没有每时每刻工作，那就是对公司的不负责任。所以，整整 4 年，清晨我迎着曙光来到公司，午夜我望着星光离开公司，我的三餐都在办公桌前解决，周末也是这个节奏。只工作不休闲的生活让我疲惫不堪、迷失方向，这种状态如何能做一个好领导？

当然，创业不是一个朝九晚五的工作，加班也是不可避免的。但就我而言，即使重要的项目完工了，我也绝不提前回家。我认为，无休无止工作是我向团队表忠心的唯一方法。有时，我会先做别人拜托的次重要工作，因为自己反正要加班，所以我可以在加班时间完成紧要工作。

随着年龄和智慧的增长，我意识到，无休止的工作会让我产生恶习：不能区分高价值活动和低价值活动。我理所当然地认为自己应该搞定一切任务，却忘记了不重要的事情是可以不做的。如果你是一个有野心、有想象力的人，那么你想做的事情必然会比能够完成的事情多。

幸好，妻子和妈妈的新角色逼迫我将有限的工作时间最大化。我开始思考一个命题——也许我应该掌控时间而非管理时间。由此我总结出两大时间真理，我用它们指导自己也指导别人。在这里我想首先和你分享什么是时间真理，然后教你实现时间掌控的“五步法”。

关于时间的真理

真理一：管理自己，而不是管理时间

你只能管理你自己，你能够选择怎样度过你的每一分钟、每一

天，但你不能左右时间。爱因斯坦的相对论说时间不是常量，但在你可见的人生长度里，时间就是常量。每个人都拥有一周 7 天，一天 24 小时，不多不少，爱因斯坦也不能改变这个事实，唯一的变量是你对时间的运用。

很多人都会说“我快忙死了，这件事我没时间做”，更诚实的说法应该是“我不选择做这件事，因为它不是我此刻重点关注的事情”。如果你想创造梦想中的人生，就把这些“我快忙死了”的谎言去掉，你要从心里明白“我不会选择做这件事”。

你不要说“我没时间锻炼”，更诚实的说法是“我选择早上 6~7 点赖在床上睡觉，因为我昨晚看电视看到很晚，我认为锻炼没有看电视重要”。你不要说“我没时间和家人吃晚饭”，更诚实的说法是“我选择回复了 20 封邮件，没选择提前半小时离开办公室”。

让你承认这些事实很痛苦吧？别继续自欺欺人了，改变你的选择吧。“忙”不是你的专利，如果你宣称“忙”是你的专利，那么你只是在骗自己而已，其他人是不会买账的。你的家人很清楚，在工作和家人之间，你选择了工作；你的身体知道，在电视和锻炼之间，你选择了电视；你的同事知道，在琐碎和重要事务之间，你选择了琐碎。如果你能改变自己的选择，“忙死了”就会成为过去时。

这种高纯度的诚实也许会提前为你的某些可有可无的关系画上句号，你的借口没了（比如“啊！我本来要打给你的，可就是太忙了”），只剩下实话（“我没选择打给你，你在我的心里没那么重要”）。对于最重要的人或事，你绝不会忙到没时间联系或去做。也许你不必说得这么直接，但内心还是要诚实一点儿。错误地认为自己“没时间”所以做不了某事并且抱着受害者心态，这样是成就不了非凡人生的。

有的人会说，“我的时间都被别人霸占了，选择权不在我，我的时间比别人少，这不公平”。其实时间是非常公平的，我甚至可以说，时间是这个世上最公平的东西。给女儿夏洛特办生日派对那天，4 岁的塔特抱怨说：

“为什么夏洛特有生日派对，而我没有？”

我答道：“因为这是夏洛特的生日不是你的生日！ 6 个月之后，我们也会给你办生日派对！”

“可我现在就想过生日，不想等 6 个月，太久了！这不公平！”塔特叫嚷着。

“事实上，”我回答，“生日和时间是这世上最公平的东西。你想啊，每个人都只有一个生日，日期是随机的，谁都无法挑选一个最佳日期，而且有很多人跟你同一天生日，这多公平！时间也是这样，每个人都有相同的一天 24 小时、一周 7 天，一年 52 周！无论你是姐姐还是妹妹，男孩还是女孩，富人还是穷人，老人还是孩子，时间和生日对你来说都是绝对公平的！”

4 岁的塔特对我的解释不满意，我只好说，她的那片蛋糕上会有一朵大大的花，这才让她露出笑脸。如果你已经超过了 4 岁，那么你应该懂得：如何支配时间是你的选择，时间不是你取得成就的限制因素，时间是公平的。

真理二：认可时间有价值，它才会创造价值

这个道理一目了然，但很多人不懂，要创造价值就要做高价值活动。你想在 1 小时内赚很多钱，就要在 1 小时内做自由市场愿意支付你这么多钱的活动。如果自由市场认定这个活动 1 小时只值 12 美元，那么你就只能赚这么多。想赚更多，你就必须做更高价值的活动。

假设你有一个项目，每周只能投入 10 小时，那么，你是用它来看培训视频，让自己的知识储蓄更加完善呢？还是上朋友圈看看其他人有什么动态可以借鉴呢？还是拿起电话先联系 10 个客户呢？你会付钱给别人做哪项活动？这三项活动你会各付多少钱？通常，生意人会把时间花在最简单或最喜欢的活动上，以此逃避做高价值活动。

他们用低价值活动填满自己的时间，然后就“没时间”做高价值活动了，只好花高薪雇人来做。这不叫忙，这叫拖延症。

如果你想利用你的时间创造更多价值，就要把更多时间投入到高价值活动中去。无论你是老板、白领，还是一边创业一边照顾孩子的职场妈妈，如果你不训练自己用这种模式思考，就会让低价值活动占据你大部分时间。一周下来，你筋疲力尽却无比挫败，因为你虽然忙碌却没完成任何重要的事情。

如果你不认可你的时间有价值，它就不会创造价值。

别幻想你偶尔或短期内做些高价值活动就能创造巨大的价值，因为只有持之以恒才行。

假如你满足现状，那就继续保持。假如你仍不满足，想要更多，就请思考一下未来长期内你要如何创造更高价值。

你可以自己打扫房子，雇人打扫是1小时20美元的价格。但你考虑机会成本了吗？有没有时薪高于20美元的活动是你可以做的？

你能否用一小时学习一项新技能，它的当下收入为0美元，但未来收入是每小时50美元？请记住，耐心一些，终有回报。你若想在未来创造更高价值，就要舍得为自己投资，而且不期待当下的回报。

这又回归到成就非凡的核心问题上：什么是你人生的重点？掌控时间的第一步是了解自己想要什么——包括事业、亲密关系，以及任何你在乎的领域。然后，确保你支配时间的方式与你的长期目标是一致的。

如果你不承认你的时间有价值，它就不会创造价值。

不敢问自己人生的大问题，缺乏长期视角，你的人生就会成为平庸活动的集合，即使你目前感觉很好，将来你也不会有所建树。当一天结束时，你会不禁感叹："这一天我做成了什么？"一天、一周、一月、一年，年复一年，平庸构建了你的人生。

然而，如果你有意识地、持之以恒地认清自己的目标，选择用与目标一致的方式支配你的时间，你就做到了智慧地掌控时间。这就是我心目中的"清醒生活"，这也是成就非凡的关键。

化繁为简

要想判断你的时间利用是否智慧，你需要问自己几个关键问题。

- 什么是我的长期目标？在未来，什么对我最重要？（一年之后，三年之后，等等。）
- 我（这周或这个月）是否把时间花在了最有影响力的活动上？
- 我将精力用在做正确的事上，并且做得高效吗？

我每个月都会问自己这些问题，用以评估我的日程表，但我不期待完美，我只想让自己更清醒、更有感知，并且做出恰当的调整。这些问题还能激发我的灵感和行动，提醒我保持工作与生活之间的平衡。

做到这一点并不容易。掌控时间不仅需要你对琐碎活动说“不”，还需要你对高价值活动说“不”。你必须了解你的极限，并设定界限。

最近，我意识到自己出差太频繁（我不介意做空中飞人，也喜欢去销售区域亲身体验），随着公司扩大，我出差的次数与日俱增，把我累得晕头转向了！

除了在 6 个国家的办公室之间飞来飞去，我还有各种会议、演讲、媒体邀约，我必须去不同的城市召开销售会议。当团队成员晋升到一个高等级别时，我还会亲自飞到他们的城市去祝贺。

有时候，我一周去3个城市，一个月内在美国飞好几个来回。我常常半夜下飞机，为赶上工作进度，第二天上班又要开一整天的会。体力透支导致我脾气暴躁、效率低下，一年中病倒了好几次，甚至几度失声。

回到家时，我累得几乎虚脱。我跟女儿开玩笑说："先别着急翻我的钱包啊！我还没死呢，还差一口气！快帮我找来魔法师麦克斯给我恢复精力！"看过《公主新娘》的人都知道我在说什么。

这种忙得脚不沾地的日子不能再继续了，我的女儿不会永远在原地等我。等到她们长大离开家的那天，我会后悔自己当初没有陪伴她们成长。"出差是为了公司业务""出差不由我控制"，这些都是借口。我创办公司的初衷不就是为了能掌控自己的日程表吗？我当然要把家庭和健康放在第一位，我要是累垮了，这对公司也没好处呀。

虽然对高价值活动说"不"挺难，但你不可能搞定一切。即使我已经是"满天飞"的工作节奏了，也无法让所有人都满意。

为了让所有人不失望，我如此拼命，可还是逃不出"第二十二条军规"——总会有人对你失望。当我出现在这个城市，那个城市的人就会失望。所以，我为什么不坦诚告诉大家我的真实感受，告诉团队我为什么必须改变出差节奏，以争取他们的支持呢？

我必须相信公司比我更强大，我必须告别英雄情结，这些出差的任务不是非我不可，我必须想出一些更有创意的方法，不用出差就能保持与销售区域的联系。

如果某件事让你头大，你就想个办法简化它。我发现，化解出差难题很简单——我给自己立了一个规矩，每个月离家的天数不得超过 5 天。一旦确立这个规矩，该拒绝哪些出差任务就变得一目了然。出差少了，但我跟销售区域的联络不能少，于是我发挥创造力，用“特别领导日”“团队度假日”代替出差。这种方式虽不完美，也只能如此了。

我一直都怀疑，女性首席执行官之所以少，就是因为这份工作的责任太重，她们不愿意牺牲太多陪伴家人的时间。有能力的女性大有人在，但她们选择了退出。我不想选择退出，因此我必须重新定义我的角色，不让它过度损耗我的健康和家庭。

除了在出差方面做出调整，在其他事情上我也会经常微调。比如，当我和丈夫查德意识到我们在一起的时间很少时，我们就会在未来的几天一起散步或约会。留意你的时间是如何花掉的，这能帮你重归正途——无论大事小事。

我还给自己定了哪些规矩呢？比如，我必须照顾好自己。自欺欺人很容易，比如“我太忙了，没时间吃好饭、锻炼、睡够 7 小时”。但这样做的后果很可能是导致你效率低下、决策失误。只有照顾好自己，你才能获得最大化的时间价值。

我热爱工作，甚至热爱过度。比如，启动新项目能让我兴奋到废寝忘食，超负荷工作是我的不良倾向，所以我必须高度警惕自己何时越过了临界点。当我疲劳、缺水、饥饿、焦躁时，我就从正常人变成了一个暴躁大王，非凡人生绝对不是这副模样啊。

我终于意识到，家庭和健康是玻璃球，它们绝不能掉到地下。偶尔加个班、坐红眼航班、为了完成任务错过一次家庭聚餐都无可厚非，但必须是“偶尔”，不能是“经常”，不能总让你的工作占上风。如果你企图抓住每一个球，那么会把你累疯的。

五步时间掌控法

既然你已经懂得支配时间要与人生目标一致，接下来我就传授你“五步时间掌控大法”吧，这样你就能找到时间做高价值活动了。

1. 留足大块时间

你是不是常常觉得一天下来什么重要项目都没完成？留足大块时间是解药。试着为高价值活动留足不被打扰的大块时间，你会更专注、更高效。

即使你有孩子，即使你就职的大公司每天有很多会议，你也可以每天早上留足 15~20 分钟，给自己开个战略计划小会，为一天的工作做个统筹安排，判断一下哪些工作是重点，你要用多少大块时间完成哪些任务。

首先，你可以做最需要创造力和批判性思维的工作。清晨是一个人前额皮质最活跃的时候，千万别把这宝贵的能量浪费在处理邮件和不重要的会议上，什么最需要创造力就做什么。

你准备好攻克某项重要任务了吗？记得为它留足大块时间。假如你有个新项目，限期一周完成，费时 12 小时，你可以每天花 3 小时，用 4 天时间完成，或者每天花 2 小时，用 6 天完成；但不要今天做 1 小时、明天做 1 小时，或者不限时间、没完没了地做，这样做不但没效率，而且耗时更多。

为什么呢？《目标》(*The Goal*) 一书里详细讲过生产原则——“转换成本”。生产零件时，用装配线生产大量同种零件比生产少量多种零件更快、更便宜，因为更换机器耗费时间、降低效率。

这一原则同样适用于个人。你每次开始或停止一项任务，都会耗费时间和精力，导致效率降低。这不仅浪费了时间，还浪费了你的脑力。与高级思维密切相关的前额皮质像一块电池，它每进行一次“概念转换”，其电池容量就会流失一点儿。前额皮质的电力流失越多，你的思考力就越差。所以，你每次从这项任务跳到那项任务时，就削弱了自己创造高价值的能力。

不要每 3 分钟看一次手机，没有什么重要或有趣的事情发生，这么做只能扰乱你的思维，导致你与非凡人生相去甚远。

研究表明，一名普通劳动者平均每天进行 200 次概念转换，而不停地看手机、查阅邮件、耗时在社交媒体上会让这一数据呈指数性上升。普通人平均每 11 分钟就会有一次注意力中断现象，平均需要 25 分钟才能返回先前的任务，而且，不停地中断可导致精力分散、易怒、焦躁以及因效率低下产生的挫败感。现在，你在完成某项任务时应该把手机、邮件、朋友圈放在一边，让自己更加自律，别让屏幕时间无节制地被延长。

你还应该留足大块的私人时间，画下一条不可侵犯的线。我喜欢留足一块不受通信工具打扰的时间——没有邮件，没有短信，没有社交媒体，也没有电脑网络。如果你有家庭，那么试着把晚上 7 点到 9 点设定为“无高科技工具时间”，一家人坐在一起，面对面交流。我家就是这么规定的，在这两小时里，看手机被公认为是一项“大罪”。

因为我为工作留足了大块时间，也为家庭留足了大块时间，所以当我工作时，可以毫无负罪感地专注于工作；当我享受家庭时间时，也能无牵无挂地陶醉其中。陪伴家人的时候，我的手机来电都直接进语音信箱，如果真有紧急情况，那么他们会继续拨打电话，我也会接，但这种紧急情况少之又少。我发现，严格区分工作时间和家庭时间是一种非常有效率的做法，不仅能最大化时间价值，还消除了负罪感。

2. 预留空白时间

对于空白时间，你也要提前预留。我的 A 型性格这下子终于暴露了，这可是我的独家秘诀！我每天会早起一会儿，保证有一段空白时间用来自由畅想，否则我会觉得自己是效率的“奴隶”。

如果这周有很多会议或战略战术讨论会，那么我会特意加入比较轻松的一天，跟同事坐一坐、聊一聊，脱离了会议室环境，新鲜的想法反而更容易被激发出来。这种空间感是创业思维的孵化器，若剔除了空白时间，你的焦点会全然集中在此刻此地，不仅看不到未来，也创造不出新东西。

我还试着周五在家工作，不开会，没人干扰，有更多自由空间和灵活性，让我的大脑从日常事务中解脱出来，得以思考更具战略性、长远性、未来性和高价值性的事业问题。

3. 评估你的时间：跟踪记录并回顾

我热衷于跟踪记录时间，不是因为我想做效率的奴隶（那样也太悲惨了），而是因为我想确保我的行为不偏离自己的目标。就像有的人会记录自己的饮食情况或锻炼情况一样，你花费时间的具体细节也值得你记录，它能如实反映你的时间用在了何处。研究表明，记录时间表的人更能有效地完成目标，因为记录得越细，你的时间意识就越强，更能随机应变做出调整。我建议你每月抽出一小时用来评估你的时间花费情况，不必追求科学性，只需回顾一下过去几周你都做了什么即可。

评估时不要对自己太苛刻，不要想着你应该榨取每一秒的最大价值，只能做服务于人生最高使命的事或你有比较优势的事，那样也太惨了。如果一个人活得不快乐，那么高效率还有什么意义？中庸之道才是正道，别盯着完美不放，行为和目标大体一致就行了。

你应该辨认哪些活动是你的时间陷阱，即那些价值低、快乐值低的活动。有一点儿“罪恶的快乐”没关系，别让它妨碍你的其他重点任务就好。如果你的时间分配很平衡，就大胆地把“罪恶”一词划掉，把它当作纯粹的快乐来享受吧！

4. 日程表不要不切实际

我是一个职场妈妈，拥有全职、成功的事业，我每周的生活是这样的：

- 每晚做一顿健康晚餐，只用当地产的有机食材。
- 提前下班接女儿，这是属于我们母女的特别的“约会时间”。
- 几乎不去办公室，在家办公。
- 深爱丈夫，在他袜子抽屉里留下爱的小纸条。
- 学意大利语。
- 练三项全能。
- 我美我骄傲，时尚的外表是我自信心的表达。

开玩笑啦！以下才是我真实的生活：

- 提前在周日做饭，一次做好三餐。女儿不喜欢我放红辣椒，可红辣椒很健康，而且“一辣遮百丑”。
- 每月接几次女儿，周末有母女特别约会时间——是我“乞求”来的，其实女儿更愿意跟她的小伙伴玩耍。
- 经常在家办公，周末也会在家办公几小时。工作日的晚上，孩子睡着了，我会再办公几小时。但平时工作日，朝九晚六，我是在办公室的。大家不必担心，我们全家人都活蹦乱跳的，不需要家庭治疗。
- 我有罗赛塔石碑意大利语学习资料，但还没拆包装。

- 打扮和锻炼之间，我选择锻炼，不上镜头我是不会吹头发的。

也就是说，我虽然效率高，但我可不是超人，不可能搞定一切。我只做重要的事，自己酷爱的事。我从不后悔，也没负罪感。为什么？因为后悔和负罪感是这世上最徒劳无功的情感，极其浪费时间。

5. 不要让别人劫持你的时间

大多数人允许别人侵占自己的时间，他们接受他人的每一个请求、每一个会议通知，结果自己忙碌不堪而且效率低下，也没有任何高价值活动。不要放弃你的个人权力，不要让别人的请求操控你的人生。参加什么会议，参与什么活动，你说了算，而且，无效率、无关紧要的活动就不要参加，切勿让别人“劫持”你的时间。

在一个手机、网络 24 小时在线的社会，你需要对如何支配自己的时间负责。把手机关了，如果有人晚上 10 点给你发邮件，那么别心烦，你没有必须立刻回复的义务，他按他的时间发邮件，你按你的时间回邮件。

我们公司喜欢招聘自主性强的员工，这类人能平衡好工作与生活的天平。我给他们的忠告是：“你必须捍卫工作与生活的平衡不受侵犯。别人没有恶意，但他们可能会任性地劫持你的时间，所以你要学会掌控局面，设定界限。”

有一次，我给一位在东海岸工作的员工打电话，当时她那边已经是晚上 6 点了，正好是她去托儿所接女儿的时间。她没接到电话，之后打给我，一个劲儿地道歉。我这才反应过来她那边已经下班了，于是回答道："实际上，你不该向我道歉，向给我道歉的你自己道歉吧！"实际上，她应该感到底气十足：首先，她没必要接我的电话；其次，接了电话她应该说："现在是我接女儿的时间，不方便说话，如果事情紧急，那么我可以等女儿睡着了再跟你说；如果不紧急，那么我们明天早上聊好吗？"

无论你的头衔是大是小，在工作中，切记不要浪费你的时间和别人的时间。半小时能开完的会就不要开 1 小时，5 个人能开完的会不要邀请 20 个人，确保每次会议都有清晰的议程和解决方案，不要旁听无须你旁听的会议。如果有人安排的会议不符合这些原则，那么你应给其建设性的反馈。是的，你可以提建议。

周二下午偷偷溜出办公室陪孩子参加体育比赛，你有罪恶感吗？如果你偶尔在晚上、在周末加班，那么你又何必心虚？你完全有权利偶尔占用工作时间陪陪家人。

你应该以最好的状态高效地完成工作。记住，你要掌控自己的时间，不要放纵别人劫持你的时间。

小贴士：把自己放在首位

我相信机敏的读者已经看出来了，以上种种掌控时间的建议包含了一个简单的真理：如果你想要快乐、平衡、成功和非凡的人生，你就必须照顾好自己。

一位朋友曾对我说，他把夏威夷度假看作对自己的奖励，因为减压后，他能更高效地工作。对于我，锻炼和健康饮食发挥着异曲同工的作用。

你只有飞到夏威夷才能放松自己吗？不，迈出大门，迈开两条腿，你就能减压。每天再忙，我也会抽出半小时跑步，我认为半小时跑步或 45 分钟的健身课能给我的一天注入高品质的能量，这相当于我节省了时间。锻炼时的我最放松也最有创造力，我最棒的想法都是在跑步时得来的（比如婚礼频道网）。

照顾好自己，你才能抓牢不该掉的球，找到期待已久的工作与生活之间的平衡点。身体强壮，大脑才能强壮，我需要高品质能量帮我搞定重要任务。我敢断言，如果我没有把锻炼身体当作头等大事，那么我的成就绝对不及现在的一半。锻炼能让我平静下来，保持大脑清晰、专注，会让效率更高、睡眠更好。有一次，一位女士对我说："你竟然有时间锻炼，太神奇了！我可没那个时间！"我的回答也许有点儿难听："你也有时间啊，你也有凌晨 5 点啊。"为锻炼而早起，一切都值得。

我喜欢把自己的日程表安排得紧凑一些，虽然我也喜欢度假休闲，但总的来说，搞定一个又一个任务对我来说是一种享受。借用我姐姐的说法："别人通过放松来放松，你通过行动来放松。"的确，我天生就偏爱快节奏，这对我来说不算是勇敢，也毫不吃力。

把自己放在首位，把自己的健康放在首位，这是你应该做的。忙碌不堪、缺乏睡眠的家长们，请照顾好自己。职场打拼、无暇生活的主管们，请照顾好自己。你真的认为一天 24 小时中，每分每秒你都该先人后己？

记住，把自己的健康放在首位一点儿也不自私，这样才能把最好、最非凡的你给予工作、朋友和家人。你好了，他们才会好。

投资自己

当你把日程表中不重要的活动清空时，你就有时间学习新东西了。我是一名贪婪的阅读者，床头摆满了书和杂志。我不会从封面读到封底，但只要能学到新东西，我就很快乐。

想想看，上一次你开动脑筋是什么时候？你是否感觉到了新手的不适？如果你下令，那么你的大脑可以随时启动。成年大脑可以长出新的神经细胞，这个术语叫作“神经形成”，也就是说，你的大脑可以学习一辈子。

活到老，学到老。你计划如何成长？想想辛迪创业、丹妮尔学打鼓、海伦跑马拉松的故事，想想你自己！这是我的一些做法：

- 读自己感兴趣的书
- 报一门课
- 参加行业会议
- 与志趣相投的人交流

非凡的你

- 如果你选择不做某事，就别骗自己说“因为我太忙了”——不是你太忙了，而是你选择不去做。

- 辨别工作和生活中的高价值活动。
- 留足大块时间，记录你的时间花费。
- 想学到掌控时间的更多诀窍吗？请登录 www.helloextraordinary.com 网站查看我的推荐书目。
- 把健康放在首位，持续学习和探索。

第三部分

自我进化

第 9 章　怀着感恩之心，因感恩而快乐

> 我们不是因为快乐而感恩，而是因为感恩而快乐。

也许你认为“感恩”这个话题太陈词滥调，训诫味儿太浓了。但是，感恩真的很美妙，它能教你关注你已经拥有的，而不是你还没有拥有的。心怀感恩，你就会感到内心的富足。如果你只关注自己缺什么，你就永远有匮乏感。所以，每天都大声说出你的感恩吧！

如果我的女儿毫无正当理由地抱怨、发牢骚，我就会直接无视，只问她们会感恩什么。毫无疑问，她们觉得我这么问相当烦人，我问自己的时候也觉得相当烦人！但这个方法很管用。当你转换角度，想想自己是多么幸运时，就很难再去怨天尤人，抱怨生活如此不公了。这就是我的常规“秘密武器”。

还记得我之前说过的迷你大脑假期吗？其中的关键环节是用 1 分钟回忆一下，你感恩什么。每当这时，女儿长着雀斑的小脸总会浮现在我脑海中，我可以每天想 3 遍，想一辈子都不会厌倦。

当我与他人意见不合时，当我努力了却没有得到回报时，我会用感恩给自己打气，让自己恢复理性：“我多么幸运啊，眼下即使是最糟糕的情况也仍然很好啊——我的孩子很健康，家庭很幸福，

我有自己酷爱的事业。”我并不是不关心问题的解决方案，而是当我心平气和时，就能更顺利地解决问题。感恩可以让我心平气和。

人们很容易把自己拥有的一切看作理所应当，甚至熟视无睹。因此，要做到把感恩时刻放在心里并不容易。有时，某个经历或某个瞬间会让你恍然大悟，原来你这么幸运，你会感恩自己拥有的一切。接下来，我要分享的就是这样一个瞬间。

2011 年，Stella & Dot 基金会和非营利组织 buildOn 携手在尼加拉瓜修建了两所学校。我和查德还有几位团队成员来到马那瓜北部的一个小山村，与建筑队会合。

虽然距离不算远，但坐着学校的旧车颠簸在山路上，感觉很漫长。

下车后，我看到一个美丽的小山村，其贫困程度惊人。我们寄宿的一家人是由 3 位年轻的妈妈和她们的婴儿组成的，九个人住在一个狭小的“房间”里，没有地板，似乎快要散架的墙是用废木料做的。

这里没有电，没有自来水，没有地板砖，也没有男人。男人们都去哥斯达黎加打工补贴家用了，我们遇到的唯一接近成年的男子是一个看起来大概 16 岁的男孩，有个小女孩叫他“另一个爸爸”。

我们每天的早饭是豆子和大米，午饭是豆子和大米，晚饭还是豆子和大米。几天下来，我们的笑话都是关于豆子和大米的。“嗨，要不要下班以后聚一聚，吃点儿豆子和大米？”“今天中午想吃啥？我想吃豆子和大米了。”

某天，我们忽然听说村子里有个人有鸡蛋，这让现场“骚动”

了起来，我们都睁大了眼睛问："鸡蛋！在哪儿领鸡蛋？我们有鸡蛋？"那天下午，工地上的人都在为鸡蛋疯狂，吃到一个鸡蛋是一件多么美好的事情啊。

完成了一天的劳作，当我和查德钻进睡袋里准备睡觉时，寄宿家庭备受宠爱的猪就会连同一条流浪狗和其他任性的动物漫步到我们睡觉的区域（其实这头猪不是宠物，这户人家很兴奋将来可以享用它）。

早上五点半，太阳升起来，孩子们就起床了，他们做家务、扫地、喂猪、捡柴。他们总是笑嘻嘻的，我没有听到他们抱怨过——拥有彼此，有豆子和大米吃，他们就十分感恩了。他们只有一把塑料椅子，大家会轮流坐下来吃饭。

晚上，我们伴着孩子们的笑声入睡；早上，我们伴着孩子们的笑声醒来。在建筑工地，孩子们在我们身边跑来跑去，玩游戏，他们好像从来没有任何烦恼。

他们几乎一无所有，但他们能从每一件小事中发现快乐。我能看到他们多么感恩自己拥有的一切。

我被感恩的力量折服了。

虽然没吃到鸡蛋，但我学到了人生中重要的一课。在我的生活中，即使在最糟糕、最潦倒的日子里，我仍会把一打鸡蛋放在冰箱里，放在我有地板、有墙壁的房子里。当我需要振作时，我就喊："鸡蛋！我们有鸡蛋！"当女儿发牢骚时，我只要给她们一个白眼，她们立刻就懂了："明白，明白，我们有鸡蛋！"

你上一次打开冰箱，深情赞美你的鸡蛋是什么时候？你还不明白吗？你的确拥有很多值得感恩的东西。

感恩之后，你很难再抱怨“讨厌，今天还得去上班”，你反而会觉得“哇，我真的好幸运，能生活在一个经济繁荣的国家，还有工作可以做”。即使在美国，也不是人人都这么幸运。

我的祖母安吉丽娜拥有的也不多，但她心中始终怀有感恩。我感恩她承受的一切苦难，没有她，何来我？与她相比，我的生活简直富裕得“令人发指”，我还有什么值得抱怨的？

敬畏因果，善待他人

我相信因果报应，我相信感恩的力量，我相信当我善待他人时，积极的能量也会返回到我身上。感恩是一份礼物，当你把感恩发射到宇宙，总有一天它会以更多的爱、喜悦及感恩的形式回馈给你。

当真人秀节目《卧底老板》邀请我参加录制时，我心想：“我绝对不会录这个节目！”在我看来，真人秀就是一群人互相扔酒瓶子。幸好，这完全不能反映我的现实生活。我从没看过《卧底老板》，也不想跟它有任何瓜葛。

然而，当制片人跟我讲了节目创意——给相关员工送去改变人生的惊喜奖励时，我的好奇心被成功激发了——我和家人一起看了一集节目，看完后流下了喜悦的泪水。好吧，我必须承认，这个真人秀节目不太一样。我喜欢它的创意——为员工送去惊喜。在 Stella & Dot，认可与褒奖是公司文化的重要组成部分。我们会奖励销售团队旅行的机会、纪念品，我们会举办颁奖晚会、舞会，我们的奖励活动非常多。如果录制《卧底老板》，我就可以借此机会奖励办公室的员工了。这些员工平时只拿固定薪水，不参与拿佣金的奖励方案，但他们是无名英雄，完全配得起大力褒奖。

要不是我们的产品团队制作了一流的产品，Stella & Dot 品牌家族怎会如此成功？我感谢科研团队研发出突破性的护肤产品，我感谢纽约的设计团队设计出令人惊艳的时尚饰品，我感谢技术团队使移动终端销售更便捷，我最后要感谢物流团队——没有他们装箱送货，之前所做的一切就毫无意义了。不是吗？物流中心的工作也许没那么光鲜，却同等重要。

真人秀节目在位于俄亥俄州格罗夫波特的第一物流中心拍摄，我的卧底身份是“妮可”——金黄色的假发、厚重的妆容、深色的隐形镜片、眼镜、美甲、红唇、金光闪闪的衣服，我被全副武装。可我还是有点儿担心会被认出来。认出来就认出来吧，我相信自己不会在那里发现什么灾难状况，物流团队一直都让我很放心、很骄傲。一到那里，我就看见公司使命醒目地写在墙上：

让每个女性都活出自我

我们以人为本的管理团队不仅做到了让每个女性都活出自我，还做到了为每个员工创造温馨有爱的工作环境。

物流中心接待我的年轻人叫泰勒，他今年 23 岁，理了个小寸头，笑容极有感染力。他的任务是手把手教会我他的工作，然后向评审员给出推荐意见，看我是不是一个值得他们投资的创业者。

在工作过程中，我了解到泰勒的成长经历和家庭情况。他出身贫寒，他的妈妈和哥哥都有毒瘾。但泰勒很开朗，他说他的哥哥在清醒状态时是个特别好的人，他很想帮哥哥戒掉毒瘾。他还说他的妈妈抚养他们长大很辛苦，他很爱妈妈。这个年轻人心中充满了感恩。

我问他是哪一年进入公司工作的，是否喜欢现在的工作，对未来有什么设想。他说，他从公司创立的第一天起开始工作，这一点让他特别骄傲！那年冬天，物流中心还是一片建筑工地，厕所都建在户外，但泰勒每天来上班都带着微笑，领导需要他做什么他就做什么。起步时期工作很辛苦，但泰勒很满意这份工作，因为之前他已经连续几个月处于失业状态，只能睡在车里或者蹭朋友家的沙发睡。

谈到未来的路，他不太确定要怎样走，他说也许他想做个洗牙师。我问他喜欢洗牙吗？他说不，是因为学这个技术最便宜，赚的也比较多。他从没想过他未来能有一份安稳又酷爱的工作，甚至是一份非凡的事业。虽然他还看不清未来，但我知道他一定能找到并追逐他的激情所在，因为他怀有深深的感恩和善意。

他告诉我，2013 年冬天，物流中心开张，工作强度很大，他每天要处理一万多份订单。很多人长时间加班，站得脚疼。站一整天，脚是什么感受，泰勒最清楚。他取出工资，跑到药店买了缓解脚疼的特制鞋垫——他不是买了一双，而是买了 100 多双送给了同事。泰勒不是有钱人，但他愿意用自己有限的资金为他人提供舒适。

节目播出后，数百万美国人爱上了这个有着金子般心灵的阳光男孩泰勒。

泰勒的非凡并不只在镜头前。一天傍晚，我的拍摄工作结束，我忙不迭跑到藏在停车场的化妆间摘掉假发。我从窗户向外看去，只见一辆破车驶离停车场，开车的人正是泰勒。在他前面，有个行人似乎想过马路，泰勒刹车摇下车窗对那个人打了个招呼："嗨，你好啊！"他微笑着招呼行人先过，这个陌生人因为这突如其来的善意脸上放出光彩。

做一个让别人感恩有你的人。

泰勒做好事不为表扬，他给大家买鞋垫并不是想成为英雄，他只是单纯地想让辛勤工作的同事工作得更舒适一些。泰勒诠释了什么是感恩和善良，冥冥之中自有天意，天意把我带到泰勒身边给他惊喜。

怀揣着秘密礼物的我异常兴奋，再过几天，我就要送给泰勒一大笔钱，让他去学习一门他真正热爱的手艺。这就是我所理解的"善有善报"：泰勒一直对世界心怀感恩，现在，这个世界要回馈他了。泰勒的故事证明了一个真理：总有一天你会得到你值得拥有的一切。所以，你要做一个善良、懂得感恩的人，要做一个让别人感恩有你的人。

每一天都是一份礼物

实际上，有一样最基本的东西你应该感恩——生命。活着的每一天都是好日子。下面是发生在一个年轻女子身上的真实故事。

一天，在旧金山某条大街上，一个穷困潦倒的瘾君子流浪汉正要去美沙酮戒毒中心。一个年轻女子正要去办点儿公事，她走上了人行横道。突然，一辆侧视镜坏了的大卡车在加速右转。

这个女子被卡车拖行了12米，直到瘾君子流浪汉跑到卡车司机跟前，才喊停了卡车。

这个流浪汉跑到女子身边，弯下腰凑近了确认她还是否有呼吸。“坚持住，我去找人帮忙！”他小声对这个女子说。

他站起身，毫无头绪，不知该怎么做。这时，一个路人冲进商店，叫了辆急救车。突然，不远处一辆加利福尼亚州交通部的巨型装载机映入眼帘，这个流浪汉曾经在建筑工地干过，他认识这种大机器。他迅速向装载机跑去，跳上驾驶舱，发现钥匙就在里面。

于是，在旧金山最繁忙的大街中央，流浪汉把装载机掉了个头，开到事故现场，然后操作装载机铲斗伸到卡车底下将卡车举起，在急救车赶到的同时解救出了受伤女子。

这个女子骶骨严重骨折，脊髓神经损伤，医生说她再也不能跑步或滑雪了，未来正常生育的可能性也很小。

接下来的漫长岁月里，这个年轻女子在医院一直与疼痛、焦虑做斗争，她的肌肉和神经末梢需要再生，疼痛钻心。但她不想关注痛苦，也不想考虑将来，她选择关注眼前最重要的目标：活下来。

经过两年半地狱般的复健过程，她终于活下来了。在朋友和家人的全力支持下，她从未想过放弃。

然而，故事到这里并没有结束。流浪汉和女子保持了联系，在她漫长的复健过程中，他们经常通话，很快，她也成了他戒掉毒瘾、重回正途的动力。

这是一个拯救了两条生命的故事。他拯救了她，同样，她也拯救了他。

故事中的女子正是我的生意伙伴、Stella & Dot 品牌家族的共同创始人布莱斯 · 亨伍德 · 哈里斯。这下你知道了，她的人生关键词不仅有酷爱和激情，还有无与伦比的坚毅和感恩之心。

她的故事是非同寻常的，谁能想到，闹市中央正好有一辆装载机，而且钥匙还插在里面？以及，正好有一个流浪汉出现在正确的时间、正确的地点把她从大卡车底下救了出来？更神奇的是，她的勇气、坚毅、信心让她取得了医生认为不可能出现的康复效果。

20 年前的那场车祸之后，布莱斯在阿尔卑斯山滑过弓步式转弯，在印度骑过大象，在泰国玩过攀岩。如果她不在纽约设计工作室，那么她通常是在马林县的山麓之间。决定推出守护饰品的那天，我和她在海里玩单桨冲浪。最不可思议的是，在她经常背痛且骨盆也是被“粘”起来的情况下，她竟然生下了两个健康可爱的孩子！当然，她的丈夫也有一部分功劳，但说到底是布莱斯的精神和身体征服了上天啊！

布莱斯不仅是一个坚毅的人，而且还是一个心怀感恩的人，她感激劫后余生的每一天，她相信这一切都是上天的馈赠。她无畏地活着，好像可以随时承受被卡车撞死的结果。（别担心，布莱斯很有幽默感，这是她最喜欢的笑话之一！）

活着的每一天都是好日子。

我的感恩

我的故事是在我生命中出现的所有人的故事的总和。

每次站在全美销售大会后台，我的心中总是被感恩占据。大会第一项，我们会邀请全体销售明星入场，我迫不及待地想见到这些老朋友和新朋友雄赳赳气昂昂地走进会场接受观众雷鸣般的掌声。

能够亲眼见证她们的辉煌，我心狂喜，情难自禁。她们之中的很多人就如同我的家人，大家一起旅行，一起开心地笑。我去过她们的家，她们来过我家，我们看着彼此的孩子一天天成长，也见证着彼此的成长。

我知道她们每个人的故事。有一位女员工一直想怀孕却没能如愿，多亏了她之前的努力工作，让她现在能支付得起受孕治疗了。她的丈夫常驻在国外，需要帮助的时候，Stella & Dot 大家庭的所有人都会随时向她展开怀抱。还有一位女员工要给孩子交学费，她现在已还清了所有的贷款——重返职场让她找回了自信，找回了自己。还有一位女员工辞掉了她之前痛恨的工作，她从没像现在这么快乐过。

她们走过的路都不是平坦的，她们也怀疑过自己能否成功，但她们最终都选择了坚持。

这些女性将自己的真实生活带进了会场，她们内在的巨大能量证明了一个真理——成功属于努力拼搏的人。正如我们的公司宣言中所说："快乐和激情是女性最好的饰品。"她们内心强大的力量让她们如此美丽。

她们内心强大的力量让她们如此美丽。

我的心中为何总是充满感恩？当我看到她们，我的脑海里会自动浮现一个词：影响力。这包括我们公司的使命对员工的影响力，员工对自己人生的影响力以及员工对我的影响力。这就是我在寻求的，这就是我心中的非凡。希望我一路走来获得的点滴心得也能帮你找到你的非凡之旅。

第 10 章　同一个部落

> 最充实最有成就感的女性……（她们）遵循进化规律工作……（她们的）工作环境灵活、能够兼顾家庭，工作时间围绕抚养子女职责而定，她们能充分理解彼此的成就，并能相互尊重、鼓劲。
>
> ——娜奥米·伍尔夫

舍弃负罪感是我成就非凡之路的关键一步。如果我没学习这重要的一课——我不必每时每刻取悦每个人，那么我永远不会拥有真正的快乐。这一课我学习得很晚，是在我成家且有了女儿之后才明白的。以前我一直认为，单身的时候你可以把自己的教育、冒险放在第一位，而结婚以后，你和你的配偶就是第一位；有了孩子以后，孩子就成了家庭的第一位。我们生下了孩子，就等于生下了我们的“主人”。

毕业一年后，我回到斯坦福大学，为了招聘一些工程师，让他们加入我就职的得克萨斯州三部曲公司。在招聘烧烤派对上，我第一次见到了我的丈夫查德。6 个月后，查德来到三部曲公司上班。几周后，我们开始约会。

又过了几周，我们都确信对方就是自己要找的另一半。4 年后，我们结婚了。查德就是我内心的“磐石”，和他在一起是人生最美好的事。从我们相遇那一天起，我变得更踏实了——有生以来第一次，除了关注教育、事业，我还想关注其他东西。我们的小家庭让我体会到从未有过的快乐，我最看重的“独立”在两个人相依相偎面前顿时失去了光彩。

刚结婚时，我正在创业（婚礼频道网的前身），查德知道我热爱工作，也知道我不打算在有了孩子之后就放弃工作。虽然这些情况我们彼此都心知肚明，但有了孩子以后，我还是产生了负罪感。

负罪感从何而来呢？传统的家庭教育是一个因素。婚后，祖母常责备我说：“你是怎么搞的？你有丈夫了，为什么还工作？为什么不生孩子？我的天！你这样每天出差，怀孕了也不知道孩子的爸爸是谁！”

最后那半句让我一想起来就哭笑不得。

那时祖母已经80多岁，她白天看了太多有关亲子鉴定的访谈节目。虽然她的表达比较夸张，但道理我是认同的——一个结了婚的女人不待在丈夫身边生孩子，每天飞来飞去忙工作是想怎样？

说实话，我不是不同意祖母的话，我也想生孩子，出差时我也想念我的丈夫。当时，婚礼频道网位于加利福尼亚州南部，查德在加利福尼亚州北部的斯坦福大学读研，我每周都得在旧金山和洛杉矶之间往返。

婚后第四年，夏洛特出生了。虽然我和查德都想继续工作，但我们有一个共识：亲力亲为带孩子比事业更重要。然而，这个共识隐含了一种无言的传统期待，那就是带孩子比妈妈的事业更重要。

我告诉自己，不光我们夫妻这么想，很多人都这么想，这就导致我产生了很多负罪感。

在某个意识层面上，我认为做了妈妈以后仍然想继续工作的我不是一个好妈妈、好妻子。而且，我不光想工作，还想创办公司，这简直就是工作的加强版啊！

从得克萨斯州搬回加利福尼亚州以后，我用卖婚礼频道网的钱独立支撑着 Stella & Dot，总算不需要我自己贴钱了。虽然家里有积蓄，没有我的收入也不影响日常生活水准，但我依然有负罪感——我不赚钱，我天天工作不顾家。你瞧，我的负罪感简直毫无道理——其实大多数女性的负罪感都毫无道理。

因为我觉得工作是一种“罪恶的快感”，我应该心怀歉意，所以我努力为家人付出一切，尽量不让查德承担什么，毕竟他做的是正儿八经的工作。几年之后，塔特出生了，在她半夜不睡觉的时候，是我起来哄她睡觉。女儿生病了，我带她们去看医生。查德并没有逼迫我承担全部家务事，而是我自认为这些是我应该做的，这是查德、他的家人、我的家人和全世界对我的期待！

白天在公司忙了一天，晚上回到家我还要扮演“完美妈妈”的角色。如果其他孩子的妈妈办了盛大的生日派对，我就认为我也必须给我的女儿办个同样棒的生日派对。在做饭方面，我认为我不仅应该承担每天的晚餐，还应该变着花样做，要做得精致、丰富，否则我就不是个称职的家庭主妇。

在起初的几年里，我努力扮演着“完美主妇”的角色。每天 8 小时工作完毕回到家中，我要陪女儿玩耍、要用热情的吻迎接查德进家门、要烹饪晚餐、要给女儿洗澡、要哄女儿睡觉，最后还要在电脑前加班，因为创业需要做的工作在上班那几个小时是干不完的。

终于有一天，我的“完美娇妻方案”遇到难题了。当时，我们全家在圣迭戈度假，我让查德带 4 岁的夏洛特和 2 岁的塔特先飞回家，我要留下来开两小时会，再乘晚一点儿的航班回家。我很兴奋，因为一位非常有潜力的销售邀请我去她家见面，并训练一组潜在的企业家。

但是，查德说他的计划更“合理”：他一个人飞回家，我带上孩子开会，开完会我跟孩子再飞回家。千真万确，这就是他的计划，他还重复说了好几天：“我一个人带她们飞回去太难了，但你可以搞定，真的，你能搞定一切！”

这就是我的顿悟时刻，原来我的完美娇妻方案换来了这么个结果！我一直努力想达到祖母眼中的“好妻子”标准，想做到我的妈妈没有做到的一切，我还想创业，而且不想让任何人看到我手忙脚乱、应付不过来的样子。难道我真的把世界上最好的男人变成了一个冷血动物？

是时候重新协商我跟家人的默认协定了。

我是如何舍弃负罪感的

经过了圣迭戈事件，查德也同意重新分配我们的抚养责任，平衡两个人雄心勃勃的事业目标。如果我想放弃对完美的追逐，我就必须学会清楚地说出我需要什么帮助。我让“还不错”代替“很棒”，否则我会死在“我能搞定一切”的孤独岛屿上。

“这是我给你的正式通知，你获得的服务水准将会显著降低。”我向查德宣布。我接着解释说，服务水准降低对他其实是一件大好事，因为我并不喜欢扮演“完美娇妻”的角色，这个角色快把我逼疯了，既然他希望我快乐，我们就必须抛弃“完美娇妻”的念头。

我意识到我必须有所舍弃，我不能一个人单挑一切，我不能总是觉得自己做得还不够好。我需要简化日程表，关注那些最重要的家庭事项，不再担心别人会怎么说。

我必须放下这些想法——我作为妻子和妈妈的成功与我的工作时间成反比，与我为家人做多少顿饭、家里的整洁程度、对查德的“溺爱”程度成正比；我必须放下这个想法——每天下午 5 点接孩子的那个人必须是我。总之，我必须舍弃负罪感。

最终，我做到了，我不再认为爱工作的女性就不是好妈妈、好妻子。圣迭戈是我的转折点，自此我舍弃了负罪感，找回了人生控制权。

我放弃了完美，但我从没放弃非凡。我的首要角色仍然是“妈妈”，一个工作的妈妈。我的家庭时间是数量、质量双保障的。最让我感到骄傲与自信的是，我是夏洛特和塔特的绝配妈妈。除了夏洛特、塔特和查德，其他人的看法我根本不在乎，只有他们三个人有投票权。

作为一个职场妈妈，我可以清楚看到我对两个女儿的积极影响。经常是我在开电话会议，她们在旁边坐着看书。她们的年纪虽小，但已经有令人不可小觑的商业敏感度和敬业精神。我很骄傲有夏洛特和塔特这样的女儿，她们也很骄傲有我这个妈妈。有了两个女儿的认可，我觉得我再也不需要其他人的认可了。

这件事之后，查德实现了从“坏蛋”到“英雄”的华丽转身，他现在是最“贤惠”的丈夫。他换了一份不需要满世界出差的工作，承担起更多家庭责任，负责接送女儿上下学，他是一个非凡的爸爸，同时也没耽误技术投资的高难度工作。我家的 3 位女士都很崇拜他。这一切不是在一朝一夕之间发生的，但我们总算找到了一种彼此都认同的方式去经营我们的家庭，而不必在意无关人等对我们的期待。

在我和查德的结婚典礼上，牧师说婚姻是一种伙伴关系，夫妻分担困苦能使忧愁减半，分享愉悦能让快乐加倍。当我放弃了“完美娇妻方案”，这种伙伴关系才得以真正展开。

那么，我是什么时候舍弃负罪感的？当我领悟到其实我只需要取悦一小部分人，而且我也属于那一小部分人的时候。我是什么时候找回快乐的？当我能对查德说出“我的快乐长这个样子，现在我们让它加倍吧”的时候。从那一刻起，我们学会了让快乐加倍。

记住，没有人能拥有一切，搞定一切。谁又愿意搞定一切呢？非凡不是搞定一切，而是做你真正在乎的事，并且毫无负罪感。只有当你舍弃了负罪感，你才能踏上这条成功、快乐且非凡之路，你才能登上“月球”，迈出女性的一大步。

让快乐指数持续上升

大约一年前，在我开始写这本书的时候，《纽约时报》刊登了一则封面故事，是关于斯坦福大学 1994 级学生的迥异人生路的，其标题是《比互联网还深的性别鸿沟》。这篇文章中附有我的一张照片，旁边写道“杰西卡 · 迪卢洛 · 赫林，一个例外”。

我有点儿不敢相信，我竟然上了《纽约时报》的封面？那不是我和女儿参加毕业 20 周年聚会时的照片吗？文章中称，我是我们班在科技领域创业成功的唯一一名女性。

看过这篇文章后的第一印象是，我喜欢它！毕竟，它有《纽约时报》有史以来最可爱的封面小女孩——我的女儿！谁让我是个骄傲的妈妈呢？但是当我一字一句读这篇文章时，我又感到非常尴尬——我不喜欢被看成一个例外！文章的基调和语气似乎在说，我们班的其他女性因为没有进军科技创业，所以她们都是失败者，似乎选择了其他人生的女性都犯了大错。

慢着，难道这篇文章真的认为成功的唯一衡量标准是你在科技领域赚了多少钱吗？成功的定义就是这些？难道我们不应该问问自己下面这些问题吗？

你认为成功等于快乐吗？你热爱生活吗？

你做的是你酷爱的事情吗？

你拥有的影响力让你骄傲吗？

你活得真实吗？

你能无视其他人批判的声音吗?

既然人是千姿百态的,每个人的成功方式不也应该是千姿百态的吗?难道医生、律师、艺术家、全职家长、社区领袖就比科技创业公司的创始人低一等吗?这太荒谬了!选择这些角色跟选择创业一样值得赞美。

当然,我支持男女平等,也支持女性进军科技、商业领域。毫无疑问,我们必须努力缩小许多真实存在的与性别有关的鸿沟:自由鸿沟、工资鸿沟、科学技术工程领域的鸿沟、公司高管鸿沟、投资人鸿沟和董事会鸿沟。一个经常被援引的数据是,同等条件下,男性赚 1 美元而女性只能赚 77 美分,性别收入鸿沟导致女性要多干 60 天才能跟男性赚的一样多。新千年女性把这个数值提高到了 93 美分,但随着年龄增长和女性退出职场,该数值会持续降低。最新研究表明,新千年女性比她们的前辈更愿意暂停工作,回归家庭。

一个更令人担忧的趋势是,过去 40 年间,女性的快乐指数在持续下降!这千真万确,从我出生的 1972 年起,美国政府就在研究公民的快乐指数,而女性的快乐指数仍在连年下降。虽然在这 40 年间,男女之间越来越平等了,但女性仍没有男性快乐。没有人能明确解释这一现象,但它无疑暴露了一个令人费解的悖论:为什么女性的选择多了,快乐却少了?为什么她们没有男性快乐?

我认为,女性之所以变得更加不快乐,是因为选择范围扩大了。作为女性,我们觉得自己每时每刻都应以同等的热情追求事业目标和家庭目标,我们担心两方面都不能做到令人满意的程度,我们担心他人的评判。有些女性担心自己选择了工作就不算是个好妈妈；有些女性担心自己不攀登职场阶梯就是浪费了前人辛苦争来的权利和几十年寒窗苦读的教育背景。

更多的选择对于女性来说当然是一件好事，但伴随更多选择而来的是，女性有了更多想象失败的机会。如果女性既为她们所选择的东西而产生负罪感，又为她们没选择的东西而产生负罪感，那么快乐就离她们越来越远了。

我支持男女同工同酬吗？当然支持。我支持减免幼儿保育费以减轻年轻妈妈的负担吗？当然支持。然而，我并不支持职场妈妈和全职妈妈相互批判，给彼此制造负罪感和缺失感。在备受负罪感折磨的年轻妈妈面前，即使是最心怀善意的女性都可能制造令人刺痛的伤害。为什么？因为女性太精通于感受负罪感，其实我们更应该精通于感受快乐。

即便你不是一名行为经济学家，你也能懂得快乐的真谛。在你追逐幸福快乐的过程中，不要试图搞定一切或拥有一切。做你最在乎的事情，做你愿意为之持续努力的事情。不要觊觎别人的选择，不要让不符合你人生目标的东西偷走你的快乐。你应该一脚踢开负罪感，给快乐留足空间。

我认为，女性自己定义自己的快乐，不仅是提升女性快乐指数的关键因素，而且是帮助女性更快获得职场平等的关键因素。受制于无用的负罪感和他人的评判，女性如何能更快地走进职场上升期？我们支持女性打拼事业，我们也支持女性回归家庭，选择权在你，所以你无须有任何负罪感。

本是同根生，相煎何太急

谈到女性的负罪感，我就不得不提及职场妈妈和全职妈妈之间的紧张关系。我猜你一定有很多女性好友，她们中有的人选择了做职场妈妈，有的人选择了做全职妈妈。你们的孩子上同一所学校，在同一个球队。你们时常会聚一聚，吃烧烤、吃大餐，共度新年，一起参加孩子的球赛和家长访校日。在这表面的亲密关系之下，你们内心深处的某个角落，有意识或无意识地，都在批判对方的选择和生活方式。

女性太精通于感受负罪感，其实我们更应该精通于感受快乐。

让我问你一个严肃的问题，当你看到一位事业有成的妈妈带着幼小的孩子，你心里会不会想："太赞了，加油姑娘！"你的内心会不会还有另一个声音不安地说："唉……可怜的孩子，她错过了太多！"

诚然，比起上一代人，今天的男性已经承担起更多抚养子女的家庭责任，但在男性工作时，有几个人会问他："把孩子放在托儿所，你有负罪感吗？你是不是挺难受的？"当男人出差时，有几个人会问他："你的孩子怎么办？谁替你照看他们？"估计没有人会这么问。而我却经常被问到这类问题。以前，我还会立刻替自己辩解，说我是一个很棒的妈妈，孩子们正跟她们的爸爸在一起，很快乐！现在，我只会回答一句："哦，我把她们扔在马路上玩儿去了。”

可笑又可叹啊！一边是职场妈妈，一边是全职妈妈，这两大阵营已然对立。我们需要问一问自己：为什么？为什么我们会跟女性好友、女性邻居对立？为什么我们不能接受彼此的选择？为什么我们要参与一场两败俱伤的对决？难道拥抱不比打架好？与其发起双输的对抗，不如真心尊重彼此的选择，这样大家都能快乐。

女性为什么会批判其他女性？因为我们不可避免地做出选择。如果你选择了 A，你就会羡慕选择 B 的好处和自由。A 和 B 不可兼得，但我们就是想兼得，我们会嫉妒那些得到了 B 的人。我们都在观望彼岸的“快乐人生”，比如谁升职了、谁工作日去公园玩了、谁去度假了，于是我们心里开始嘀咕：“嗯嗯……很美好的生活啊！”我们忘记了 A 选择的快乐，随之跌入负罪感和不安全感的情绪陷阱。

我相信自己对他人的任何直接或间接的批判，都根植于内心的负罪感和不安全感，这就是为什么“选择做职场妈妈还是全职妈妈”的话题让这么多妈妈神经紧张。我们害怕自己的选择是错误的，为了掩饰自己的负罪感、嫉妒心和不安全感，我们就拼命批判那些做出另一种选择的妈妈。

认为受到职场妈妈鄙视的全职妈妈们，我想对你们说：“有时候我们对你们貌似在批判，实际是在羡慕你们。虽然我们热爱工作，但我们同样渴望孩子放学回家后给妈妈的大大的拥抱。”当职场妈妈想象全职妈妈能亲眼看着孩子上学、下学、交新朋友，身穿健身衣直奔动感单车课，或跟其他妈妈们一起喝咖啡聊天时，职场妈妈的感受中恐怕是羡慕嫉妒的成分多过批判呢。

隐藏在嫉妒心背后的是职场妈妈对众多活跃在当地学校、社区的全职妈妈无与伦比的尊重与感激，她们为所有孩子的妈妈承担了超出自己份额的责任。在我们的内心深处，我们这些职场妈妈都知道，我们在享受着全职妈妈提供的社区服务，为此我们无比感恩。

不要批判他人，也不要批判自己。

我想对职场妈妈说："继续工作吧，不要有任何负罪感。如果你有事业野心，想像男性一样追求事业成功，那么就像他们一样舍弃批判和负罪感吧，你行的！"

谁都知道待在家里照顾孩子很美好，但也很熬人、很辛苦，这就是为什么当周末结束，很多职场妈妈无论多么爱孩子，她们都会轻呼："感谢上帝，终于到星期一了！"但选择做职场妈妈并不等于选择逃避养育孩子的责任，也并不是说你不算一个好妈妈。

你应该感到自豪——你的家人支持你的选择，你交纳的税费资助了公立学校，你捍卫了女性的职场阵地，你为天下所有的女孩树立了另一种榜样。即使是一个持批判态度的全职妈妈，她在内心深处也希望她的女儿看到女性在职场叱咤风云的场景；即使是一个持批判态度的职场妈妈，她也希望她的女儿将来可以毫无负罪感地选择待在家照顾家人。我们属于同一个"部落"，我们有多元化的特质和选择，这没什么不好。女性应该怎样相互支持呢？让我们拿出更多的体贴和善良吧。“你忙到这种程度吗？”“你从来不参加家长会！”“你知道吗，我们真的需要你多参与一些家长会活动。”“问保姆就好了，她跟妈妈没什么区别。”——这些话太伤人。“你不上班，每天在家吃糖吗？”“你一定非常无聊吧。”——这些话也太伤人。我们当然要坦诚相待，但不要相互批判，这些话即使你带着微笑说出来，也是如利剑般伤人的。

女性让自己的快乐指数持续上升的秘诀就是：停止批判他人，停止内化来自他人的批判。当你听到批判的声音时，不妨认为它发自善意，让它随风飘散。你不妨问问自己：“她是刻意要批判我，还是纯属好奇？如果她刻意要批判你，这是否源于她自身的负罪感或嫉妒心？我要让她的批判影响到我吗？她有权评判我的人生选择正确与否吗？”记住，你不要让批判制造更多批判，让批判在你这里停止，灰飞烟灭吧。

不要批判他人，也不要批判自己

如果不去工作让你快乐，不工作你也活得下去，那么棒极了！你的人生由你选择。没有谁规定你和你的配偶都必须工作，这不是社会义务，你也没有让其他女性同胞、人类同胞失望。作为全职妈妈的你很可能是社区的重要贡献者、孩子学校的无价财富、操场和街坊的义务观察员。你绝对不应有低人一等的感觉。

我认识的很多全职妈妈常常被这些问题困扰：“如果我不工作，不打拼事业，是不是就荒废了我的技能？只做一个妈妈够吗？”你的人生只有你自己有权选择。那些有教育背景、有资格资历做高管却决定告别职场的女性，她们是加大了高管性别鸿沟，还是在追逐自己定义的成功？

有一次，我在伦敦参加女性领袖早餐会，遇到一位某顶尖投资银行的总经理。她向我诉苦说她很痛苦，想辞职，想赶在孩子长大离家前多陪陪孩子，但她担心她的离去会让办公室的其他年轻女性失望，因为她是这家银行唯一的女性总经理，这种女性责任感让她难以放弃工作。她的事业是成功的，但人生是失败的，我认为她更应该考虑如何善待自己和家人。她想辞职，那就辞职几年试试，好好享受家庭生活，想工作了再回去。她已经工作了几十年，何况工作多少年才够呢？

我认识的另一位女性，她不仅是一位出色的妻子和妈妈，还在做社区公益，致力于改善贫困儿童的受教育机会。她的工作时间虽然灵活，但也相当于全职了。研究生院的老同学问她做什么工作时，她却感到很难堪——自己既没有公司电邮，也没有商务名片，别人会不会对她另眼相看？其实她完全应该感到自豪，她的工作帮助了很多人，具有非凡的影响力，而且，她为社区提供的公益服务不也惠及了那些评判她的同学们吗？为什么必须有一个公司电邮才能证明我们的影响力？为什么我们觉得兼职就意味着浪费人生？

如果你看重工作时间的灵活性，如果你认为拥抱和亲吻家人比金钱更重要，那就尊重自己的心愿，这也没什么不好。选择不同的工作、得到不同的薪水有什么不可以？问题的关键不在于谁更成功，而在于你能不能快乐地接受选择的代价。

借助“部落”之力

我们是转型中的女性，我们想要的东西跟我们的妈妈、祖母那代人想要的东西不一样，我们对女儿的期待跟我们的妈妈、祖母对女儿的期待也不一样，然而我们仍然会受到妈妈、祖母一辈人的影响。我的祖母安吉丽娜是非凡的，但她认为我结婚后还想工作是“发疯”。我不怪她，对于她那辈人，女性不工作是一种奢侈，是嫁得好的标志。你那好心、直言的妈妈或婆婆，她们的人生观跟你不一样，不要让你的选择被上一辈人左右，你应该勇敢地定义能让你快乐的成功是什么。

我们这一代女性应该相互激励，不要比较、评判、批评其他女性的选择。让我们借助“部落”之力，创造一个多元化的人生，享受同等尊重的世界。

我们抚养的孩子不应该是迷你版本的自己，也不应该是与妈妈做出同样选择的女儿。我们的女儿应该去追逐她们的梦想，而不是我们的梦想。让我们为多姿多彩的成功欢呼喝彩吧，女儿们的善良、健康和快乐难道不是我们最期望看到的吗？

我们属于同一个“部落”，我们有多元化的特质和选择。

培养自信、快乐的孩子需要我们借助“部落”之力。我的女性朋友们，我爱你们，且心怀感恩，感谢你们多年来对我的大力支持。我的女儿们知道我是多么珍视和尊敬非凡的你们——你们是在家照顾家人的妈妈、从事兼职工作的妈妈和在职场打拼的妈妈。感恩我有你们这些朋友。你们的爱和支持让我拥有了非凡人生。希望天下所有的女儿都不再怀疑一个女性能同时胜任“首席执行官”和“好妈妈”这两个角色，你无须因自己的选择而感到有负罪感。你想跟其他读者探讨女性之间如何相互鼓舞吗？请登录 www.helloextraordinary.com 网站，找到你的所在地的读书会吧。

我们属于非凡部落

- 舍弃负罪感。非凡不是搞定一切，而是搞定你所在乎的事情，负罪感只会妨碍你成为最非凡的自己。
- 记住，真正的合作关系是“夫妻分担困苦能使忧愁减半，分享愉悦能让快乐加倍”。
- 不要批判其他女性。为其他女性的选择喝彩，她们的选择和你的一样无可厚非。
- 记住，你有力量和特权为你的女儿、女儿的女儿创造更好的未来，你要身体力行，告诉她们：“快乐就是成功，你要走出属于自己的非凡之路。”

后记　走向非凡

几年前，我家买了新房子，因为当时夏洛特 6 岁，塔特 4 岁，家里的小房子已经装不下四口人了。

在没完没了的看房过程中，有一天我们看了一座老房子，附近有一所很棒的小学，同一条街上就是我大学闺密的家。这座老房子需要重新整修，但说不定它就是我们的完美新居。

它给我的第一印象离“完美”很遥远。“我们这是到了厄舍古屋了吗？”我以为我们走入埃德加·爱伦·坡的故事里。这座房子外墙破败不堪，长满了常春藤，褪色的窗帘把铅条玻璃遮得严严实实，墙面的油漆已经剥落，泥灰墙裂了缝，百叶窗摇摇欲坠，随时会掉在高低不平的石板路上。查德说：“我们走吧，这房子绝对不行！”

既然已经来了，我们就进屋看看吧，结果里面更糟糕。

房屋中介解释说：“重建这座房子非常难，几乎不可能，因为它属于历史建筑，是受政府保护的，塞西莉亚·卡瑟利（Cecilia Casserly）曾在这里居住。”

“谁？”我问。

中介继续解释道，卡瑟利女士是一位敢于直言的、活跃的社会改革家，她支持劳工权益和妇女权益。在第一次世界大战期间，她是美国红十字会的重要人物，并且被授予法国荣誉勋章。1918 年美国暴发流感，她敞开家门让 50 多位危重病人住在她家就医。

查德表情紧张地看着我。

“哇，她是一位妇女运动领袖啊！”我陶醉地说。我们找到新家了。

我的眼中不再是斑驳的泥灰墙，我看到的是一位伟大女性的遗产，她的非凡精神是我和我的女儿们梦寐以求的。

最终，我们还是推倒并重建了这座房子。只要有足够的爱，我相信这个新家就能成为女儿们通往非凡之路的起点，说不定将来她们还会带着她们的孩子常回来看看。

通往阁楼楼梯的门框上，密密麻麻的刻痕记录着卡瑟利女士的女儿、儿子，还有她的表兄弟姐妹的身高变化。这些铅笔和钢笔的印记、刻痕、污渍记录着一个家庭超过半个世纪的历史。我抚摸着它们，心中一阵怅然——虽然它们将不复存在，但重建后的新楼梯上一定会有某个特别元素，来纪念这非凡的家庭历史。

我给女儿写了一首诗，并且把它刻在新楼梯的侧面。我希望她们每天上楼玩耍时，都能看到我对她们的期许。

这首诗表达了我内心深信的理念，以及我将如何度过这一生，我想要女儿如何度过这一生。但愿它也能激励你找到你的非凡之路。

舞出你的人生

你只有一次生命，舞出你的人生
用每一步、每一天去创造它
找到你的激情所在，独立思考

学习，欢笑，倾听

发问

看这个世界

梦想，跳舞，歌唱，创造

善良，体谅

尤其对你的姐妹，尤其对你自己

每天大声表达你的感恩

拥抱恐惧和失败

这是成就非凡的唯一方法

如果你想得到更多，就付出更多吧

天上不会掉馅饼

超越理性地相信自己

做自己，你本来就很美

无论你选择哪条路

你都是被爱包围着的

你永远都是

我的月亮和太阳

不要等待一架魔法电梯把你送到非凡之路

舞出你的人生

一步一个脚印

此刻最好，更待何时

你准备好远离平庸了吗？你准备好跟那个自我设限，看不见未来无限可能性的自己道别了吗？你准备把“不”从你的字典里去掉了吗？你准备好相信你也可以创造非凡人生了吗？

是时候了，毕竟，生命太短暂，为什么不去热爱你正在做的事情，热爱你做它的理由，热爱跟你一起做事的人呢？顺便说一句，你不会想念平凡的。

让我们一起做个回顾，帮你审视一下自己是否准备好开启自己的非凡之旅。首先，你想关注哪一个人生领域？复习创业精神的六要素，选择一个你想点燃的激情。不要过度思虑，先迈出第一步。提醒自己积极地思考，无视那些说“不”的人，包括自己头脑里消极的声音。坚持走自己的路，只想轻松工作生活的人是无法发现非凡的。要智慧地努力，而不是把自己累死。发现更多让自己更高效的方法，这样你还有时间享受生活。

你需要投入额外的努力吗？当然。平庸和非凡的区别就在于你的额外努力。一切都会按计划展开吗？恐怕不会，通往成功的路上总有挫败。你想得到的一切永远不要大于你愿意为之付出的努力，永远不要期待完美。跌倒了就站起来，继续走下去。从积极的人身上取暖，从 www.helloextraordinay.com 网站汲取灵感。将成功定义为“快乐”，用你自己独有的方式去成就非凡人生。

如果这本书能够激励你，那么请把这本书送给你的朋友吧，把这份激励传递下去。毕竟，最大的喜悦不仅是你为自己创造了什么，更是你与他人分享了什么。这就是“非凡人生”的真谛：找到彼此的非凡，互相激励，接纳他人的选择，每天都表达你的感恩。

对非凡说“你好”吧，你会发现它一直都在那里等着你。

致谢

当你答应别人去写一本书的时候，你就必须写完一本书！我诚挚感谢皇冠出版社的编辑塔利亚·科荣，如果不是你联系我，我就不会有勇气开始写作。感谢我的代理人依法特·瑞斯·甘道尔，是你指导这个项目顺利进行。感谢我的写作伙伴比利·菲茨帕特里克为本书投入的经验、天赋和态度。感谢凯蒂·珊和 Stella & Dot 总部办公室的所有团队成员，你们的支持让我深深感动。感谢皇冠出版社的其他团队成员，尤其是梅根·派瑞特、阿雅丽特·古恩斯派特、坎贝尔·沃顿、蒂娜·康斯特博，是你们让这本书更加生动。

感谢 Stella & Dot 的同人，你们是我的“缪斯”！当我知道我不是独自行走时，我才有勇气创造人生。感谢你们分享你们的故事，感谢你们每天带给我感动和激励，我想用这本书把你们的精神传递给更多人。

感谢带给我无尽灵感的初稿读者：布莱斯、迈克、丹妮尔，感谢你们宝贵的反馈和分享。感谢我的其他初稿读者塔妮亚·宾德、金姆·马修、阿加莎·普雷科特、艾琳·沃海姆、莎伦·米尔斯、安德利亚·海古拉·巴拉德，你们充满智慧的评语让这本书变得更精彩。

感谢公司董事永远把公司使命放在首位。感谢阿尔弗莱德·林、莱丝莉·布罗杰特的经验和智慧，你们的宝贵建议帮助我成为更好的领导者。建议诚可贵，共鸣价更高。我给道格·麦肯泽再多的感谢也不为过，你是支持我最久的关键人物，你有一颗非凡的商业头脑，更重要的是，你是一个非凡的人、一个慷慨的朋友，我从你身上学到了很多、很多。

感谢青年总裁协会巴巴利海岸的伙伴们，你们是非比寻常的领袖，拥有着最高尚的品格，你们的见解、支持和爱对我至关重要，让我获益不浅，但愿这本书折射出了这一点。

感谢夏洛特和塔特在我写作的时候蜷在我身边。感谢查德·赫林，我的爱人、伙伴和坚强的后盾。第二稿读完你没有罢工抗议，反而跟我分享你的见解，给我端来茶和布丁，好让我继续写作。

感谢姐姐朱莉·迪卢洛·斯蒂尔帮我斟酌全书的基调，确保我没有玷污家族的名誉。如果你不喜欢这本书，那么请一定记得告诉我姐姐，因为这都怪她！

感谢爸爸拉瑞·迪卢洛对我的不断鼓励，我相信这个世界上至少有一人会买这本书，而且不止一本。